自控是门解压艺术

告别拖延、失控和坏情绪

汇智书源◎编著

中国铁道出版社有限公司
CHINA RAILWAY PUBLISHING HOUSE CO., LTD.

内 容 简 介

自控是一种考验毅力的行为，而力不从心和失控却是常态。人们自己经常被想法、情绪和欲望支配着，一时冲动而非审慎抉择主宰了生活。但是，如果你不能控制自己，就只能被别人控制。成功者控制情绪，失败者被情绪控制。

本书以客观的视角，从多个方面探究自控力差的原因所在，并对一些失控行为从源头上进行剖析，有针对性地提出简单、高效、实用的自控力训练方法，帮助读者更有效地掌控自己，真正成为抗得住干扰、抵得住诱惑、顶得住压力的自控达人。

图书在版编目（CIP）数据

自控是门解压艺术：告别拖延、失控和坏情绪 / 汇智书源编著. — 北京：中国铁道出版社, 2016.3（2022.1 重印）

ISBN 978-7-113-21354-1

Ⅰ. ①自… Ⅱ. ①汇… Ⅲ. ①心理压力-调节（心理学）-通俗读物 Ⅳ. ①B842.6-49

中国版本图书馆 CIP 数据核字（2016）第 013008 号

书　　名：自控是门解压艺术：告别拖延、失控和坏情绪
作　　者：汇智书源

策　　划：武文斌　　**编辑部电话：**（010）51873022　　**邮箱：**505733396@qq.com
责任编辑：苏　茜
封面设计：MXK DESIGN STUDIO
责任印制：赵星辰

出版发行：中国铁道出版社有限公司（100054，北京市西城区右安门西街 8 号）
印　　刷：佳兴达印刷（天津）有限公司
版　　次：2016 年 3 月第 1 版　　2022 年 1 月第 2 次印刷
开　　本：700mm×1 000mm　1/16　**印张：**16.25　**字数：**333 千
书　　号：ISBN 978-7-113-21354-1
定　　价：48.00 元

前言

FOREWORD

有自控力的人左右生活,没自控力的人被生活左右。学会控制自己就可以改变生活，你的自控力若很强，你离成功就越来越近。不要做习惯的奴隶，唤醒你内心的力量吧！让本书帮助你掌控自己的情绪和生活，一切积极的改变，都从你的自控力开始。

著名的美国心理学家利兰对意志力做出的诠释可以使我们对自控力的认识深受启发。他说："一个有意锻炼自己并提升自己自控力的人，将会获得无比巨大的力量，这种力量不仅能够完全控制一个人的精神世界，而且能够使人的心理发展水平达到前所未有的高度，让一个人得到以前从未想过能拥有的智慧、天赋和能力。所有那些一直以来不为人们所发现的东西其实就存在于人的自身，自控力就是那把能够开启人的观察力和征服力之门的钥匙。"

如果你想让生活变得更美好，就从自控力入手吧！

强大的自控力可以更好地帮助你控制自己的注意力、情绪和行为，更好地应对压力、解决冲突、战胜逆境，身体更健康，人际关系更和谐，恋情更长久，收入更高，事业也更成功。

如果你总是喜欢拖到最后一分钟才开始工作；如果你是一个潇洒的"月光"族，每个月信用卡都会透支；如果你一直想减肥，却总是以失败告终；那么本书就是专门为你而写的。

本书可以帮助你更加健康和"聪明"地工作；随时随地控制自己的购物欲望；体察自己当下的身体、情绪、思想和行动；在任何时间和地点都可以保持专注。

在本书中你会学到很多提升自控力的经验和技巧，本书完善了有关自控力的各种理论，以通俗易懂的方式讲解了自控力训练的理论实质和实践方法，并以更为有效、更为理性的方式不断激励职场人士全面挖掘自身的潜能。

全书共分为两篇。在秘诀篇中讲述了自控失败的原因、拖延的症结、造成失控的怪圈、心理掌控术、情绪管理法则等，帮助读者了解造成自己拖延、失控和坏情绪的原因。在实战篇中通过时间自控术、情绪自控术、微行为自控术、潜意识自控术、意志力自控术、思维自控术等各种方法帮助读者克服拖延、失控和坏情绪的行为。

本书帮助读者全方位提升自我、完善自我，并更好地掌控自己的感知、思维、行为和心智，有针对性地进行系统训练，使人们能够轻松掌控自己的情绪、欲望、注意力、意志力……能够在关键时刻做到“自我克制”和“坚持不懈”，并不断地自我引导、自我控制、自我修炼，实操性非常强！拥有强大的自控力，人生才能实现一个个伟大的目标，在未来的日子里才能战无不胜！

编　者

2016 年 1 月

目 录

CONTENTS

上篇 秘诀篇

第二章 CHAPTER 02

第三章 CHAPTER 03

下篇　实战篇

第十一章 CHAPTER 11

秘诀篇

我们每个人都会受困于一种无所觉察的力量，有些人称之为命运，实际上只是人们心理上的强迫性重复。人们的行为总是会被莫名其妙的心理因素左右，大脑在我们做决策的时候不自主地“走神”，如果没有人告诉你，你很难意识到它们就这样堂而皇之地影响你的生活，误导你的决策，让你变得不理智。本篇将为你讲述为什么会出现拖延、失控以及产生坏情绪的现象，并且为如何自控提供一些行之有效的建议。

第一章

CHAPTER 01

能 Hold 住吗？知道自己为何失败

自控力，是一个人控制自己思想感情和行为举止的能力。人区别于动物的根本点之一，就在于人是有思想的，因而可以按照一定的目的，理智地控制自己的感情和行动。可是在当今诱惑重重的情形下，自控力对人们来说已经是岌岌可危，那么究竟到哪里去寻找自控，如何来增强自控力呢？本章将为你一一道来。

一、自控力和肌肉一样都有极限

演艺圈是个非常复杂的领域，一些明星们确实感受着来自各方面巨大的压力。

所以，大量明星的新闻见诸报端。那么为什么这些明星们会深陷毒瘾之中呢？吸毒者难以戒掉毒瘾，除了因为他们的意志力薄弱，还因为毒品已经改变了他们的大脑机能，“劫持”了他们大脑的动机系统，甚至改变了大脑的基因功能。

感染上毒瘾的大脑与正常的大脑不同，这是一种生理和化学上的不同。神经生理上的变化伴随着从被迫使用毒品到自愿吸毒，而最重要的是毒品改变了大脑的“快乐机制”，也就是我们常说的“奖励机制”。

这种“快乐机制”通过化学语言多巴胺来传递。多巴胺这种神经信息传递者在正常情况下寄居在大脑神经游走细胞中，一旦被释放会与神经系统的快乐相结合，在快乐接收器的运载下到达神经细胞。然后，多巴胺挨个向神经细胞传达快乐的信息，使神经细胞产生从一般快乐到极度快乐的感受。

所以说人的自控力非常有限，一旦被“瘾”君子入侵就会难以自拔。现代生活中到处充满着欲望和诱惑，所以人们时刻需要自控，但是自控需要的能量太多就会慢慢榨干你的意志。根据科学家的研究发现，人们在早晨的时候意志力最强，然而意志力随着时间的推移就会逐渐减弱。

当你遇到一件重要的事情时，你就会发现自己毫无意志力。假如这个时候你还想控制自己去改变很多事，那可能就要消耗你更多的体力。

所以要学会把意志力用在刀刃上，如果你觉得没有时间和精力去处理“我想要”做的事，那么就把它安排在你意志力最强的时候做。

为什么说自控力存在极限呢？是因为自控力消耗了身体的能量，而能量的消耗又会削弱意志力。自控可能比大脑处理其他问题时所用的能量都要多，但是也远远低于身体运动时所需的能量。

为什么自控的时候大脑消耗的能量能如此迅速地消耗尽意志力呢？原来当大脑发现它的可用能量减少时，就会有些紧张——如果出现能量不足怎么办？于是它就决定不再支出，保存好剩下的资源。

所以它就会削弱能量预算，不再毫无顾忌地支出所有的能量。首先要消减的就是“自控”这项预算。因为自控是所有大脑活动中耗能最高的一项。大脑为了保存能量，就会不愿意给你提供充足的能量去抵抗诱惑、集中注意力、控制情绪。

二、保住自控力的秘诀

既然自控力这么容易达到极限，我们应该怎样做才能保证自控力可以满足自身需要呢？

（1）控制做决定的情境

自控力在不同的情境中会有不同的表现。有一项研究发现，通常在对未来做规划的时候，会更容易对远景做出规划，这就是为什么我们通常把明天要做的事情推到后天或者下周去做。

你应该也会有这样的经历——当你定好的闹钟响了，本来计划起床锻炼身体，但是自己却关掉闹钟，同时安慰自己：明天我一定会起来锻炼。

我们都会觉得同样一件事情，今天做和明天做都是一样的，然而“明天做”这样的决定要比“今天做”更容易，因此，我们就会逐渐养成一种习惯——将事情推后。

与这个类似，我们通常对别人的约束比对自己更容易做到。我们很容易替别人做出决定，但是一旦事情落到自己身上就困难了。人们都无意识地遵循这样的格言——按照我说的去做，而不要按照我做的去做。

看完上面两个例子我们可以看出心理距离和自我控制力之间的关系。如果我们做出的决定和自己关系不大（较远的心理距离），那么我们可以表现出很高的控制力，但是某个决定和自己有较近的心理距离时，这就需要我们较高的控制力。这时不妨通过抽象思维，改变我们的心理距离，如果从抽象的角度来看待问题，我们与该事情的心理距离就会越远，相应的控制力就会得到提高。

（2）改善人格

自控力不仅会受到人某一时刻思维方式的影响，同样会受到人格特质和情境的影响。每个人都有不同的人格，控制力也会有所不同，有些人很容易被一些东西诱惑，但是另一些人却总是向“自我满足”低头。

其实我们也不得不承认自控力有一定基点的事实，在这个基础上，我们要尽最大的努力让它发挥到最大功效。尽管一些人有非常高或非常低的控制力，我们中的大部分人都处于中间部分——有时候控制力高，有时候控制力低。你所处的控制力水平对你的影响很大。

（3）全局观念

全局观念方法就是将注意力集中在整片森林而不是森林中的一棵

树，也就是把我们的某个行动当作整个计划中的一个小的部分，我们是为了完成某个“宏伟”目标而行动的。例如，某人想要健康地饮食，那么他就应当明确自己的最终目标，将注意力集中在每个“吃什么”的决定对最终目标的影响。

三、人为什么会在情绪低落时屈服于诱惑

现在提到陆毅，大家都会给他冠上“贝儿爸爸”的称呼。当年的陆毅凭借《永不瞑目》一炮而红，接着《像雾像雨又像风》又让陆毅红了一把。然后在 2014 年带着女儿参加湖南卫视《爸爸去哪儿》节目的录制，让陆毅跟女儿为大众所熟知。

然而如今风生水起的陆毅也有自己的低迷期。那是在 2004 年，不知道听谁说了一句，陆毅就决定不再拍戏，花了半年的时间准备出唱片。陆毅刚出唱片的时候还很开心，因为第一张唱片就获得了 CCTV MTV 最佳男歌手，但是紧接着对陆毅的各种否定就接踵而至。不服气的陆毅又决定出第二张唱片，然而效果更加不理想。于是心情低落的陆毅就为了缓解压力经常约着三五好友去喝酒，经过一年的时间才调整过来。

为什么人会在情绪低落的时候容易屈服于诱惑？其实这是自身的压力带给人的一种欲望，大脑所承担的一种援救任务。大脑的压力可以引发应激反应，而应激反应是身体内部相互协调的一系列变化，是让你在面临危险的时候保护自己。

人脑不仅发出保护的命令，也维持人的心情愉快。所以当你感受到压力时，你的大脑就会指引着你，去做一些能带给你快乐的事情。

人们所面临的压力包括悲伤、自我怀疑、焦虑、愤怒等消极情绪，

会使大脑进入寻找奖励的状态。只要大脑和奖励的承诺联系起来，人们就会渴望得到那个“奖励”。

当我们毫无压力的时候，食物以及那些诱惑不会让我们感到快乐。只要我们在巨大的压力之下，大脑的奖励系统还在不停地向我们尖叫“去做自己想做的事吧！不管是什么……”这时我们会把这些不愉快忘得一干二净。压力就会指引着我们走向错误的方向，让我们失去理性，然后就会被人的本能所支配。这就是压力和多巴胺的“强强联手”，我们的自控力就会一次次败下阵来。

四、提高自控力的秘诀

自控力也不是无法可循的，下面介绍几个小方法。

（1）养成经常深呼吸的习惯，练习腹式呼吸。可以试着将呼吸频率调整到每分钟 4~6 次，也就是每次呼吸要用 10~15 秒的时间，经常练习这个频率，时间长了你就能做到。

（2）当你在面临诱惑时，不妨先花 5 分钟时间做一些别的事情，可以到充满绿色的地方走走、听听歌、做一些室外运动。

（3）每天要确保 8 个小时以上的睡眠时间，因为一旦睡眠不足就会让你烦躁，心情浮躁的状态下你更容易向诱惑妥协。

（4）压力是自控的死敌，压力与失控是一种正相关的关系，如果你仔细观察就会发现，某种情形下你失控的原因，就是为了排解某种压力，缓解某种情绪。如果选择经常地放松一下自己，让自己缓解紧张情绪，通过深呼吸，放松身体，排解一下压力，那么将有助于自控力的提高。

另外，前面提到自控力也是有一定限度的，自控对身体能力的消耗是惊人的，所以你不可能一直拥有很强的自控力。但是你可以靠生活中的一些小事来增强你的自控力，比如记录生活中你不常注意到的一件小事，这样就会增强你的意识能量。

五、自控力为什么至关重要

那些光彩照人的明星背后总是有许多别人看不到的辛酸，他们是要以承受更大的压力和责任为代价的。作为公众人物，他们的一举一动都受到媒体和民众广泛的关注，因此明星属于抑郁症的高发人群。香港的某巨星就因为患有抑郁症，从高楼上坠下去，结束了传奇的一生，却令无数喜爱他的歌迷影迷扼腕叹息。

抑郁症的引发会造成自控力的低下，人们就会不由自主地做一些自己难以控制的事，比如自杀、吸毒、酗酒等不利于身心健康的事情。那么这时自控力就至关重要。

假如要你说出一件最需要意志力的事。你首先想到的是什么？大多数人应该都会选择抵制诱惑。当人们嘴里说着“我毫无意志力”的时候，通常是“当你的嘴巴、心里或者肚子都想要的时候，你没法说‘不要’”。

然而这个“说不”正是属于自控力不可或缺的一部分。“说不”应该是拖延症患者的通病，实际上，你打算拖到明天或者下辈子再做的事，你现在就要学着“说要”，就算是你心里再不安，就算是电视节目的诱惑难挡，意志力都会逼着你“今日事今日毕”。即使你并非心甘情愿，它也会逼着你完成你必须完成的事，这就是“我要做”的力量。

自控的两个表现是“我要做”和“我不要”，但是它们不是自控的全部内容。如果想在需要“说不”的时候“说不”，需要“说好”的时候“说好”，那么你还需要第三种力量：牢记自己真正需要的是什么。你也许会说，我真正需要的是一个长长的假期，吃一块巧克力蛋糕，或者中个大奖。

但是在面对诱惑和拖延的时候，你最好想清楚，你真正想要的，或许只是升职加薪、家庭美满、不欠外债。只要你想想这些，那么一时冲动就会得到遏制。想要做到自控，就要在关键时刻明确自己的目标，这就是“我想要”的力量。

为什么自控力很重要呢？这是因为意志力不仅区分了人和动物，也区分每一个人。每个人的意志力都是与生俱来的，但是往往意志力强的人会拥有幸福的生活。这是因为他们可以更好地控制自己的注意力、情绪和行为。

六、“我要做”“我不要”和“我想要”是什么在作祟

其实婚外情的发生与自控力是脱离不了关系的，由于人的意志力差，才会在诱惑面前被侵蚀。那些有过婚外情史的人并不是真正对家庭没有任何留恋，只是一时的冲动而造成了对家庭的背叛。

那么控制我们思想的究竟是什么呢？存在哪里呢？答案就是前额皮质。它主要存在于我们的额头和眼睛后面的神经区，主要控制人体的运动，比如走路、抓取、跑步、推拉等，这些都是自控

的表现。但是随着前额皮质的不断进化，和大脑的某种区域的联系就越来越紧密。

现在存在于人脑中前额皮质所占的比例比其他物种要大得多，这就是为什么你的宠物狗不会把狗粮存起来养老，但是人却会未雨绸缪。

随着人类的不断强大，前额皮质现在可以教会人们做“更难的事”。如果躺在床上比较容易，它就会让你坐在椅子上。如果喝咖啡比较容易，它就会提醒你要喝茶。如果把事情拖到明天比较容易，它就会督促你打开文件，开始工作。

其实前额皮质并不是一团的灰质，而是可以区分成三个区域，分管着“我要做”“我不要”“我想要”三种力量。前额皮质的左边部分负责“我要做”的力量。它可以帮助你处理比较枯燥、困难或者充满压力的工作。而右边的部分就会控制“我不要”的力量，它可以克制住你一时的冲动。这两个区域共同控制你“做什么”。

第三个区域就是位于前额皮质中间靠下的位置。它会记录你的目标和欲望，决定你“想要什么”。同时在这个区域的细胞活动比较剧烈，那么你采取行动和拒绝诱惑能力就要越强。即使你的大脑一片混乱，向你大叫“我想要这个！我想吃这个！买这个！”这片区域也会记住你真正想要的是什么。

七、“两个自我”带给你的苦恼

前段时间在江苏卫视热播的《一代枭雄》，有大批观众被剧情深深吸引。剧中主角何辅堂从国外著名大学毕业后成了文质彬彬的知识分子，他没有忘记建筑师的梦想，并渴望将国外的先进知识带到风雷镇。

但是在经历父亲被杀、襁褓中的儿子死在土匪枪下、与心爱的女人经历生离死别、一手打造的风雷镇遭到敌人的威胁迫害，一系列事件对于何辅堂来说都是巨大打击，这也让他不得不挺身而出。主创人员都认为，即使是文艺范儿的知识分子，在遇到接连的打击后都会展现出“狼性”的一面，这些传奇的经历造就了“一代枭雄”的诞生。

其实人都是有两面性的，这只是在影视剧中塑造的一个典范。在你体内总会有一股力量压过另一股力量，让你成为“它”所塑造的人。你的大脑中是否有时候会存在两个声音，一个在告诉你“去做吧！”另一个却说“不可以”。其实这是你的意志力在与诱惑抗争的过程。

人们总会发现意志力有不起作用的时候，比如你去购物花了一大笔钱、吃了太多的东西、浪费了大把的时间，但是等到醒悟过来的时候就会怀疑自己当时是不是没有脑子。抵制诱惑有时候可以做到，但并不是任何时候都可以做到。我们的脑子总会存在两个自我：一个肆意妄为、及时行乐，另一个克服冲动、深谋远虑。

我们或许今天就可以做完明天的事情，但是在大多数情况下，我们都会把事情拖到明天再做。

我们保留了祖先的本能，即使那些本能现在会给我们带来麻烦。

例如，在现代社会，到处都是快餐、垃圾食品和各种各样吃的东西，超重有害身体健康。但是，很多人出于本能无法拒绝食物的诱惑。

我们有时候总在两个自我之间摇摆不定，这就是对你意志力的考验。你一方面想要这个，另一方面又想要那个，总有一方会被另一方击败，决定放弃的一方其实也并没有错，只是双方觉得最重要的东西不同而已。

八、自控的本能：三思而后行

娱乐圈中的女明星都追求“以瘦为美”，因此争先恐后地加入减肥行列。华语乐坛的蔡依林能走到现在的地位，和她的性格密不可分，因为她拥有过人的意志力。据悉，由于她属于易胖体质，所以一直在严格控制自己的饮食。刚出道的时候，一直因为婴儿肥的问题困扰，所以她经常以饿肚子来追求上镜漂亮的目标，虽然见效比较快，但是会饿到跳舞手脚无力，还曾经晕倒。后来在营养师的建议下，以白灼食物作为主要食粮，水煮蔬菜加荞麦面或白饭，配以虾饺或烧卖，成了蔡依林减肥道路上的“三宝饭”。

自控力和压力一样都是一项生理指标，当你需要自控的时候，大脑和身体内部就会发生一系列相应的变化，来帮助你抵抗诱惑、克服自我毁灭的冲动。这些变化被称为“三思而后行”反应，这与应激反应完全不同的。

你可以思考一下，以往当你遇到威胁时，你的身体就会立刻采取应激反应，同时你的大脑和身体就会进入自我防御模式，准备进攻或者逃跑。“三思而后行”反应和应激反应有一处关键的区别：就是前者的起因是意识到内在的冲突，而不是外在的威胁。

比如你想抽烟、吃大餐、浏览网站，但是你知道自己不该做。或者，你知道自己应该做什么事，却又不去做。这些内在的冲突本身就是一种威胁，而你的本能就是促使你做出潜在的错误决定。因此，你需要保护自己，也就是需要所谓的自控力。

行之有效的办法就是放慢节奏，而不是给自己加速。“三思而后行”就是让你慢下来，当你意识到内在冲突时，大脑和身体就会做出反应，帮助你放慢速度、抑制冲动。

大脑和身体究竟是如何发挥意志力的作用呢？其实“三思而后行”反应与应激反应都是由大脑发出的信号。位于大脑中的警报系统总是在控制你听到、看到、闻到什么，大脑的其他区域则在记录着身体各个部分的状态。这种自我检测系统存在于大脑的各个部分，连接着前额皮质的自控区域，也连接着记录身体感觉、想法和情绪的其他区域。

这个系统的重要作用就是阻止你做出错误的决定，比如，打破了已经坚持了六个月的戒烟计划，对你的下属大声嚷嚷，或是对闯红灯视而不见。一旦你产生这些错误的想法，大脑的“好帮手”前额皮质就会帮助我们做出正确的决定。

但是，“三思而后行”反应只能调整大脑的状态，在你自控的时候，大脑的能量供应会增加，从而帮助前额皮质发挥意志力。

在自控的过程中，你的大脑需要让你的身体意识到你的目标，同时克制住冲动。要做到这一点，就需要你的前额皮质传递自控的要求，降低控制心率、血压、呼吸的大脑区域的运转难度。“三思而后行”和应激反应的作用大相径庭。在你有这种反应的时候，你的心跳不会加速，而会放缓。你的血压会保持正常，你也不会拼命呼吸，而会深吸一口气，尽可能地放松。

这时你的身体会进入更平静的状态，但不是完全无动于衷。这样做的目的是让你在内心的矛盾面前不要手足无措，彻底解放。“三思而后行”反应是为了让你避免冲动，给你提供更多的时间，让你深思熟虑想办法。

九、多巴胺：大脑的奖赏中心

在21世纪的一个艳阳天，一位64岁的老人被安排入住意大利北部的一所精神疗养院。在过去的三年里，他大约在赌博的老虎机上输掉了50 000美元，他的妻子因为实在无法忍受他的赌博成瘾而离开他，他只得搬去和80岁的老母亲居住。

然而医生有了另一个发现，这位老人在20年前就已经被确诊为帕金森症，在过去的三年中由于病情的恶化，他私自大幅提高了药物的剂量，这种药物是一种多巴胺受体抑制剂，可以大幅提高大脑中多巴胺的浓度。随之而来的就是他对赌博的强烈愿望，一种上瘾和强迫性疾病。

多巴胺浓度的增加会在人的大脑中产生一种兴奋的东西，这就是多巴胺的奖励效应，一旦人们喜欢上这种感觉就会一直深陷一种活动之中无法自拔，也就是成瘾症。爱情一直以来就被人们冠以神秘的色彩，然而让人爱得死去活来的爱情其实就是因为相关的人和事物促使大脑产生大量多巴胺而导致的结果。吸烟和吸毒正是因为可以增加大脑内多巴胺的分泌，所以才使上瘾者感到开心和兴奋。

根据研究显示，多巴胺可以治疗抑郁症，如果多巴胺不足就会使人失去控制肌肉的能力，严重时会使患者的手脚不自主地震动或导致帕金森症。有科学家研究出多巴胺可以有助于进一步医治帕金森症。

多巴胺作为大脑的“奖赏中心”，又称为多巴胺系统。

人为什么会有思想，会产生感觉，会疯狂地追求一些事物，这可能只不过是来自我们大脑内部的一些微小物质的化学作用。

人的大脑中存在数千亿个神经细胞，人之所以有七情六欲，可以控制四肢躯体灵活运动，都是因为脑部信息在它们之间可以传递无阻。然而，神经细胞与神经细胞之间仍然存在着间隙，就像两道山崖中的一道缝，信息要跳过这道缝才可以传递过去。

在这些神经细胞上突出的小山崖称为“突触”，当信息来到突触，它就会释放出能越过间隙的化学物质，把信息传递过去，这种化学物质称为“神经递质”，而多巴胺就是其中的一种神经递质。

多巴胺的作用是把亢奋和欢愉的信息传递过去，人们对一些事物“上瘾”主要是因为它。香烟中的尼古丁会令人上瘾，是由于尼古丁刺激神经元分泌的多巴胺，使人感到快感。因此，近年的一些戒烟研究，都是针对多巴胺来进行的。甚至有学者提出，爱情的产生也源于多巴胺的分泌带来了亢奋。

十、出售未来：预先承诺的价值

我的朋友何健总是跟我抱怨：“每天上午，啥也没干呢，就到了中午，下午更是效率低下。每天效率最高的时候，就是快下班那一会儿——因为被逼急了”。何健每天都会陷入这种痛苦的循环中，甚至因为每天都不能在 8 小时之内完成工作，无奈之下他只得经常带回家当“家庭作业”，可更要命的是每天回到家吃完饭上会儿网，又到了夜里 10 点之后，这才想起来要工作，“怪吧？这些挨了一整天的工作，我只要静下心来，一般两三个小时就弄完了！”

像何健这样主动成为“加班族”和“夜猫族”的白领还不在少数。因为注意力的匮乏引发的最直接后果，就是跟不上既定进度，所以早上工作一直拖沓到不得不做。总是在早上走进办公室的时候信心满满想好了今天要完成的事，可一旦真正开始做起来却困难重重。首先就是自控力差，于是造成在娱乐上花费了太多的时间，以至于工作被一拖再拖。

其实想要完成对预先承诺的实施，首先要对未来受诱惑的自己施加压力。现在就对未来一周的自己作出承诺，然后选择下面几个策略中的一个来帮助你实施。

（1）做好拒绝诱惑的准备

在你将要被诱惑蒙蔽之前，先做好选择。比如当你对那些看着美味的快餐流口水时，先为自己打包一份健康的午餐。当你对看牙医产生恐惧之前，先结账单。选择对未来的自己按理性偏好行事会更加容易一些。

（2）使改变偏好变得更难

想要彻底改变自己的恶习，需要破釜沉舟的勇气。在家里或办公室想要摆脱诱惑，就是当你想要购物时，不要带信用卡，不要在银行卡中存钱，只带一些现金。早上起床时把闹钟放在房间的另一端，如果想关掉闹钟，你就必须起床。当你在受到诱惑时，不妨给自己设置一些延迟或者障碍。

（3）给未来的自己进行激励

不妨用胡萝卜或大棒来督促自己获得健康和快乐。利用大棒可以让你在得到快乐时付出更大的代价，因此让你控制自己得到这种快乐的次数。比如，在没有完成预定目标时向慈善机构捐款，奖励的价值可能没有变化，但是屈服的代价让即时的快感不再诱人。

十一、你是否在等待未来的自己

与我在同一家设计公司工作的刘畅非常懊恼。因为有一个策划方案领导催促他尽快完成，可是他每次一面对电脑，就会被各种新闻资讯、电影视频或者游戏吸引，根本无法集中精力工作，不得不将所有的工作拖到最后期限再做。

其实这是大部分白领都会患上的一种心理疾病，称为“职场拖延症”。患有职场拖延症的人不在少数，而且大多数发生在工作压力较大的职场白领中。我在广告公司工作的朋友李敬和在策划公司工作的朋友严宽都出现和刘畅类似的现象。明明手头上有很多工作要做，可是没有状态按时完成，所以就容易被其他娱乐活动吸引，将工作一拖再拖。

拖延症确实已经成为职场人的一个通病。在某个网站上有一个叫“我们都是拖延症”的小组，平均每天都会有几十个人加入，现在的成员已经有 9 万多人，其中大部分是职场人。

这些患有拖延症的白领其实都是想把工作做到最好，所以在状态不佳时就想把工作往后推，总觉得在自己状态饱满的时候一定会把工作完成得特别出色，于是一直在等待着未来那个精神饱满的自己。

你一直在期待未来的那个你，那个你是会整理衣橱的你，那个你比你现在更热爱锻炼。未来的那个你是会在速食店点健康菜品的人，所以，你就可以忍受现在这个邋遢、懒惰的你。

我们总会把未来的自己想象成完全不同的一个人。其实我们是把自己理想化了，甚至让未来的自己去承担现在的自己犯下的错误。我们可能误解了他们，没有意识到未来的和现在的自己有着相同的想法和感觉。这种错误的想象让我们像对待陌生人一样对待未来的自己。

如果我们真的希望未来的自己能这么崇高，我们确实可以相信，未来的自己能做好所有的事。但是当我们到了未来，理想中“未来的自己”却不见了，最后做决定的还是毫无改变的曾经的自己。

十二、把未来变成事实的秘诀

你想不想摆脱终日沉迷于对“未来的自己”的想象呢？下面有三种方法可以让你的未来变得真实，让你正确的认识未来的自己。

（1）创造一个对你未来的记忆

想象未来可以让人产生延迟满足感，你甚至不用去想延迟满足感会给你的未来什么回报，只要去设想一下就可以。例如，你现在正在面临一个选择，究竟是现在就开始一个项目，还是推迟一下呢？那么，你不妨现在想象一下，你正在一个超市里购物，或者正在准备一个重要的会议。当你对未来的图景想象得越真实，你做的决定就越不会让你在未来后悔。

（2）给未来的自己发一个短消息

不妨利用这个机会想象一下未来的自己现在正在做什么，他们会如何看待自己现在做出的选择呢？向未来的自己描述一下自己现在想要做什么，有助于你实现长期目标，你对未来的自己有什么希望？你觉得现在的自己将来会成为什么样子？未来的自己会因为现在的自己做了什么而产生感激。

（3）想象一下未来的自己

未来都是无法预测的，现在的自己给未来打下什么基础，我们就会成为什么样的人。那些宅男宅女们应该在心底也有对自己未来的一个规划。如果他们想象的第一个未来的自己一定可以坚持锻炼，身体健康，充满能量。第二个是他们害怕成为的自己，那个人整天懒散度日、毫无活力，这两种想象都能让他们离开椅子。

十三、自控力太强也会让你付出代价

意志力总是让人觉得非常奇妙：如果我们的大脑辛勤的工作，可以与身体配合无间，那么你就可以根据自己的目标做出决定，而不会被恐慌或者及时行乐所左右。但是要知道自控力是要付出代价的。

当你集中注意力、缓解压力、克制欲望、权衡目标时都需要能量。就好比你在紧急情况下，肌肉需要能量逃跑或者战斗。太大的压力会导致人的身体健康受到影响，身体会不停地把能量转移到应对突发状况上。然而这些能量本应该用于更长期的需求，比如消化、治愈伤口、繁衍、对抗疾病。这就是为什么有大量的上班族由慢性压力演变成心血管疾病、糖尿病、慢性背痛、感冒和流感。

十四、对待自控要有技巧

对待自控和压力反应一样，都需要技巧性。但是与压力有一个共通

的道理，就是如果长期地、不间断地自控，就可能遇上麻烦。因此，需要给自控一定的时间来恢复消耗的体力。

想从压力和自控力中恢复最佳的途径就是让自己放松。就算只放松几分钟，也可以让你的交感神经系统得到激活和舒缓。从而提高心率变异度，身体可以被调整到修复和自愈状态。

每天拿出一点时间来放松，就可以保护你的身体，增强你的意志力储备。这里说的放松并不是让你对着电视发呆，或者喝着红酒饱餐一顿，能提高意志力的“放松”是真正意义上的身心调整。

想要激发这种放松反应，你需要躺下来，用枕头垫着膝盖，腿稍稍抬起（或者选择其他你认为舒服的姿势）。现在闭上你的眼睛，做几次深呼吸，你可以感觉到腹部有一些起伏，假如你觉得身体某处很紧张，可以有意识地挤压或者收缩肌肉，然后不用再去管它。

平时，如果你觉得手掌和手指很紧张，那么就攥一下拳头，然后张开手掌；如果你发现前额和下巴很紧张，可以挤挤眼，皱皱眉，然后张大嘴巴，放松整个面部。可以保持这个状态 5~10 分钟，试着享受这种除了呼吸什么都不用想的状态吧！

你可以把这个习惯看成一项日常练习，尤其在你处于高压环境或者需要意志力时，可以做这个练习，放松会让你的生理机能得以恢复，同时消除慢性压力和自控带来的影响。

十五、失控是由于缺乏足够的能量供应

有些人可能想过这个问题，我们为什么会缺乏自控力？其实自控力的缺失在某种程度上意味着意志力能量的不足。可以把意志力想象成一个沙漏，如果自身压力过大，没有得到很好的休息和锻炼，沙漏中的沙子就会不断地流出来。假如不补充新的，后面就没有可以漏的了。

因此，意志力的背后就会面临能量危机，也就是说，只要我们不断补充意志力沙漏中的“沙子”，就可以训练意志力，这就是自控力提升的原因。

你会发现那些有雄心壮志的人，意识很迟缓，当然他们看起来很沉稳、不急不躁，但是这也不能说明他们的意志力就很好。如果一种人懒散、行动迟缓、怠惰，因为他们缺少活力。他们不会失控，那是因为他们没有力量需要去控制。他们没有脾气，因此不会受到干扰。他们的行为安稳，那是因为他们的力量虚弱。

一个正常的人应该是内心坚强、精力充沛、强健有力的，并且这些力量、活力、思想和身体活动都在他的控制之下。

十六、补充意志力的秘诀

下面有几个可以长期补充意志力能量的方法，希望对你有所帮助。

（1）保持一个平和的心态

只有内心平静的人才不会丧失控制力。假如一个人心神不宁，就会导致行为出现混乱。此时，理智就无法从潜意识中进入意识。想要这两种意识协调进行工作，你的精神就必须保持宁静。

如果你经常心神游离，就要学会养成阅读那些具有镇定心灵作用的文学作品。下一次当你觉得镇定自若的状态变成松弛时，就对自己说“平静下”，只要保持这种状态，你就不会丧失自控力。

要想实现自控，离不开一个平和的心态。因此，只要你保持了思想的平和，行为的平和，直到你的整个世界都处在平和安宁之中。那么一旦你达到这种状态，就不用担心胆怯、担忧、恐惧或者固执。

（2）让你的思维保持活跃

我们应该发现这样一个问题，随着年龄的增加，我们的智力会逐渐衰退，其实这是因为脑细胞之间的连接发生了改变。但是经过研究发现，保持大脑的活跃可以增加脑细胞的活力，建立起脑细胞储备和连接，甚至产生新的脑细胞。

但是保持思维活跃并不是让你的生活发生天翻地覆的改变，只要从一些日常小事做起就可以了。

（3）保持一个充足的睡眠

睡眠是消除身体疲劳、增强免疫力、恢复精力、康复机体的主要方式。因为在睡觉的时候，胃肠道功能及其有关脏器，合成并制造人体的能量物质，以供活动时用。另外，由于体温、心率、血压下降。呼吸及部分内分泌减少，使基础代谢率降低，从而使体力得以恢复。

往往睡眠不足，人的情绪就会容易烦躁、激动或者精神萎靡，导致注意力涣散，记忆力减退。如果睡眠充足，人的精力就会充沛，思维敏捷，办事效率高。

这是因为大脑在睡眠状态下耗氧量大大减少，有利于脑细胞能量的储存。因此，睡眠有利于保护大脑，提高脑力。另外，睡眠还可以增强机体产生抗体的能力，使各项组织器官自我康复加快。

（4）保持一颗爱心

只要你的内心充满爱，才能收获能量，如果心中没有爱，你就会失去能量。爱是伟大的，就在于它的真诚、无私、宽广。只有拥有了这样的胸怀，你的世界才是充满阳光的。

假如一个人的精神和身体的活力不够，就要着力去培养，不能让能量听命于自己，必须学会这样做。一个看似有能力的人，除非他的意志可以控制其能力，否则这种能力就发挥不了作用。

第二章

CHAPTER 02

拖延症的真相：为什么我们总是一拖再拖

你是拖延一族吗？是否生活中的一点小事你都要一拖再拖，仿佛不拖就不是你的风格。但是你是否意识到这种生活方式已经对你的工作和交际造成了很坏的影响呢？上司不敢把重要的工作交给你，朋友对你的承诺总是无语叹息。这种结果其实并不是你想要的，那么现在就来为你这种“病态”的生活做出一些改变吧！

一、你是一个拖延者吗

最近我的同事张俪总是很郁闷，因为她的一位下属每次在她交代工作任务的时候，都会答应得非常痛快："好，没问题，行。"但是等到需要拿出结果时，对方就开始找各种理由推脱，不是说家里停电了不能用电脑，就是网络坏了QQ上不了不能发文件给她，最近的一次是干脆连人都不露面了，打电话、发短信一概没消息，张俪只好自己临时加班做完到期要完成的工作任务。

很多人总是喜欢在今天能完成的工作拖到明天；明明有足够的时间去做事，可是总在最后期限才开工……经常这么做的人可要小心了，因为不出意外你可能患上了拖延症，就是"用推迟的方式来逃避执行任务或做决定的一种特质或行为倾向，是一种自我阻碍和功能紊乱行为"。

对职场白领而言，拖延症已经不仅影响工作效率，更容易影响个人职业发展，所以确立目标、执行计划来克服拖延症，是助力个人职业发展的最好途径。

二、拖延症的病因

拖延症成为一种职场通病，许多职场人在工作中或多或少都有拖延行为，比如设计师、作家、策划人员出现的较多。那么拖延症究竟是如何导致的呢？下面就来找出病因。

（1）网络是罪魁祸首之一

“早上打开电脑，聊天、浏览网页、玩游戏或看视频，工作还没开始做，半天就过去了。”这是大多数白领拖延的表现。有着同样经历的职场人并不在少数，因为这部分人的日常工作都离不开电脑，每天的工作几乎都需要从启动电脑、登录网络开始，但是在这个过程中人们却常常被网络信息“诱惑”，从而把该做的工作推后、拖延。

根据不少职场人反映，由于更新换代快、信息量庞大、没有时间限制、可供消遣娱乐或打发时间的网络已成为不少职场人逃避工作的借口，被职场人认为是“拖延症”的罪魁祸首之一。

（2）自卑易产生逃避心理

从心理层面来分析，很多人对自己的工作能力不自信也是导致拖延行为的一个重要原因。如果在工作上曾经遭遇过重大挫败，就会产生不自信的心理，从而产生逃避心理，就会以状态不好、大脑疲劳、时间充足等借口来拖延工作进度。

其实这部分职场人非常在意别人是如何看待自己的，所以他们就希望别人觉得他是因为时间不够、不够努力而导致的失败，而不是因为能力不足。

（3）重复的任务造成缺乏工作动力

日复一日的工作，通常会被认为没有挑战性，但是却不能停止，必须要去完成。但是你做起来的时候会觉得没有新鲜感或满足感，时间长了就容易出现懒散、拖延的情况，这属于动力不足的问题。工作拖延表面上是因为意志力不够，实际上是动力不够。不喜欢的工作也一定要做，那就等非做不可时再做。

另外，拖延还与个性有关，如做事随性、优柔寡断、自我控制力差或完美主义者，也很容易出现拖延。

（4）恶性循环影响职业发展

根据研究发现，有 20%的人认为自己是长期表现拖拉的人。虽然说拖延症表面看起来像是一种日常行为现象，因此很多人不会把它当作严重问题，但事实上是自我调节的一个很重要的问题，如果不及时防治拖延症，可能会造成严重的危害。

越是有拖延表现的人，内心就会越紧张，因为心理压力越大，思维和工作效率都会因此变得很低，工作成果也不好。如果是让拖延长期进行恶性循环的话，就会导致工作效率低、生活不顺利，会影响工作评价、职业发展。

所以想要告别拖延症就需要确立目标来获取动力。要学会把工作任务慢慢融入人生轨道的设计中，比如希望自己在今年某个方面有所突破，那么就照着这个目标去努力，做出一系列作品或者成绩，从而使自我得到提升。

但是在制定工作要求或目标时不能太贪、太多、太杂，建议制定一些自己喜欢且能胜任的目标，然后利用自己的各种能力、资源来达成。

另外，工作之余要懂得享受生活，平时多进行一些体育锻炼，多和朋友进行沟通交流，多参加一些旅游活动、看音乐剧等娱乐消遣，学会把生活与工作安排好，形成良好的工作习惯，“戒掉”拖延行为。

三、拖延是与生俱来的吗

我的哥们乔旭这些年一直沉浸在过去的成功中。曾经的他是一位天才运动员，受到很多人的欢迎。那时作为一位大学篮球

明星，他认为自己的未来就是走向 NBA，可是一次膝盖受伤结束了他的篮球生涯。从那以后，乔旭就不知道自己该做些什么。

最开始的时候他到一家软件公司做销售，他工作认真，为人友善，受人喜欢，但是却老是错过最后期限。经常习惯性地推迟递交他的销售报告和出差票据，对销售上的行政事务工作不屑一顾，并且他非常讨厌那些获得提升的或者为了一份更好的工作而跳槽的“小人”。他会抱怨：“他们在自己的生命中从来没有做过什么具有特殊意义的事情，从来没有听到过自己的名字在整个体育馆回响。”

乔旭总是把自我的形象锁定在过去，那时他是一位明星。但是不管他喜不喜欢，现实一直在逼迫着他。在妻子怀孕的时候他 38 岁，接着，他的父亲心脏病发作，一年之内就过世了。在父亲的墓碑旁，乔旭惊讶地发现自己拉着一个蹒跚学步的孩子，已经人到中年。就是这样活在过去的乔旭，对现在的生活一再拖延，对任何事情不屑一顾，才造成了对现实生活的滞后。

相信很多的拖延者都会发现，拖延好像有着自身的生命和意志。他们描述为好像乘坐在一辆过山车上，情绪随之起起落落，虽然事情会有所进展，但是最后都会不可避免地慢下来。

于是他们开始了另一项任务，并且努力想要完成它，但是在这个过程中，由于一连串的思绪、情感和行为波动影响了他们，又呈现出相同的结果，这个就被称为“拖延怪圈”。

让人不禁发问，拖延究竟是天生的还是由后天的生活环境所致的。随着当代科学的发展，可以了解到拖延确实会受到一些生物因素的影响，但是究竟存不存在拖延基因还未可知。

如果你患有一定程度的执行障碍、抑郁症、注意力缺失、慢性紧张或者失眠。在你大脑中运行的生化因素很可能就会与你的拖延有着密不可分的联系。

我们在日常的工作中经常会遇到这样的情况。一个你非常讨厌的上司交给你一个单子，并且要求你在下班之前完成单子上所有的工作。也许你会说，我现在非常忙，等会我就做单子上所列的工作，可能到中午的时候你还会提醒自己，单子上的事情还没有做。可是你手头上还有更重要的工作。于是就这么一再推下去，一直到快下班时，你才突然发现，单子上的工作根本没有时间去完成。

不管你是不是懂心理学，你心里都明白，在你的心里其实是不想做这个上司交给你的事情，因为你打心眼里讨厌他。这时拖延就是你对这个上司表达厌恶的表现。

其实所有习惯的形成都是因为这些习惯能够使我们获益。就算这些习惯也会给我们带来痛苦，比如拖延。我们虽然觉得难以忍受，但还是难以割舍。就像上面的例子，拖延似乎是一个无害的举动，并不会有直接的攻击性。“我不过是在忙别的事情，没有说不做你给我安排的工作。”

这就是当我们在拖延时，意识和潜意识的斗争，虽然我的行为上有所拖延，但是在意识上我还是愿意做的，没有攻击性。这样做既能缓和一下人与人之间的矛盾，也可以让自己的行为合乎社会规范，因为我没有伤害到任何人。

在整个拖延的过程中，我们只是尝试着摆脱别人对自己的控制，而且以一种无害的方式表达出来，这种方式对人际关系的保护作用是非常大的。即使这个习惯会给我们的内心带来巨大的压力，但是，拖延作为一种情绪的表达，也可以使人获得暂时的放松。

四、拖延是因为恐惧，想做到最好

处女座的人就是追求极致和完美，我的同学王耀验证了这一说法，由于过于追求完美导致他成为知名的“拖拉机”。上个星期他们总监给全体员工开会，斗志昂扬地说接下了一个大单子，需要他们设计部门全力配合，做出一套完美的设计图。

总监把最主要的任务交给王耀，要求内容表现出前卫、时尚的感觉，还说非常看好他，这样一来王耀心里压力很大。于是他整天都在思考这个方案如何才能有新意，整天茶不思饭不想，但是也没想出一个让自己特别满意的切入角度。这两天虽然休息，总监也没有让他清闲，反复地打电话来催，甚至还在电话里发脾气。

王耀总是希望做设计可以十全十美，哪怕是一个小小的细节，如果发现不合适就会全盘推倒重做，他说：“这一周我的日子其实非常难过，尽管我整天坐在电脑前，但是始终没有办法开头，从天亮坐到天黑，发现自己不是在 MSN 上聊天，就是不停地刷新微博，甚至还会去看自己平时很少关心的国际新闻。”

很多职场人士都会反思自己拖延的原因，最后都会归结为一点：我最初的动机是想把事情做得更好！我想准备得更充分！其实这样的想法无可厚非，任何人都希望可以将事情做到最好。可是为什么偏偏是你，养成拖延的习惯呢？原来，拖延的人往往都是完美主义者。这个结论也许有人会反驳，那些仓促应付最后期限的人怎么就成了完美主义者呢？其实他们的心理都有下面几种想法。

（1）想要做到最好

完美主义者大致可以分为两种：一种是适应不良型完美主义，另一种是适应型完美主义。适应不良型完美主义者的表现是一方面对自己有很高的要求，另一方面对自己没有多大的希望。

对自己的期望和评价之间有巨大的冲突，非常容易感到沮丧和挫败，行动实施时也特别难，总是会担心自己犯下任何错误。然而适应型完美主义者对自己有很高的要求，并且相信自己的能力能够达到，有很

高的自尊水平。

有时候拖延者为了证明自己非常优秀，会要求自己去做别人都做不到的事，甚至去挑战那些不可能完成的任务，以此来战胜平庸。一部分拖延者会要求自己所做的每一件事情都非常出色，虽然这个理想与现实相比，现实总是会有很大的遗憾。这样的差距也会让你不断产生贬低自己的想法，为了防止发生相同的错误，你宁愿去拖延，也不愿意完成本该完成的工作。

如果最后的结果不令人满意，你也会给自己这样一个解释："如果当初给我充裕的时间，我一定可以很出色地完成任务。现在做成这样已经很不错了。"你利用这个解释成功地绕开了对自己能力的评价。

（2）总是担心做不到最好

拖延的病因其实是源于恐惧，恐惧获得不好的自我评价，恐惧获得失败。为了追求尽善尽美，你一直处于准备工作的状态。但是拖延的"基因"让你总是觉得准备永远不够充分；你一直在担心如果开始就无法避免失误的发生；所以你总是在抱怨时间不够充分。

但正是在追求完美的道路上，不允许自己犯错的严厉要求和对自己的苛责阻碍了你的进程。对拖延者来说走向结果的路程是痛苦的，因为你在工作时总是担心出现失误，于是这种担忧就会左右你的思维，面对结果对你来说就像面对世界末日，在你的世界里要么是成功，阳光灿烂地生活下去；要么是失败，也意味着一败涂地，人生跌落低谷。

正是这种无限夸大结果的想法让你的脑子充满了恐惧，而你用来对抗恐惧的唯一办法就是拖延。

拖延让你暂时逃离结果的惩罚，得到暂时的放松。但是在拖延的时间中你总是想方设法来填满这段空虚，可能你现在最重要的任务是写一

份报告，可是你宁愿把时间浪费在看肥皂剧或者聊别人的八卦，也不愿把心思放在自己的年度报告上。因为一旦面对自己的工作你就会陷入无限的痛苦中。

（3）成功也会带来威胁

拖延还有一个原因是为了避免成功。可能说追求完美和避免失败是拖延的原因，有些人还会随声附和。可是说到避免成功，很多人就会难以置信。其实，人们确实有为了避免成功而拖延的。

中国有句古话说：木秀于林，风必摧之。一些优秀的人为了避免别人的嫉妒和孤立，会采取一些“小策略”来拉近自己和他人之间的关系。就算自己能在半个小时之内完成工作，也要拖到天黑，直到大家都完成，自己才装作刚刚结束的样子。这种拖延就是为了不出头，不鹤立鸡群，和大家保持一致的步调，从而获得好人缘。

五、一颗热的毒药，来自家庭的伤害

我的同窗好友张璇，已为人妻。可是每到做饭的时候，她就开始拖拖拉拉，直到丈夫回家她的饭还没有做好。丈夫看不下去走进厨房时，她就趁机开始忙活别的。

夫妻二人因为这个问题已经吵过很多次了。她也思考为什么会一到做饭的时候就拖拖拉拉。以前的她生活在一个大家庭里，有一个姐姐和一个妹妹。

由于孩子比较多，父母并不把精力单独放在一个孩子身上。

于是三个孩子就会选择不同的方式“讨好”父母，争取父母更多的爱。而作为家里的二女儿，大家都希望她在学业上取得卓越的成就，于就会在学业上给予她更多的关注。

然而在家务劳动方面，无论她做出怎样的努力，父母都不会给予好的评价，忽略了她在这方面的能力。结婚以后，她必须要为家人做饭，可是出于不自信就开始拖拖拉拉。因为这样，她就可以不用那么快面对丈夫的批评：“你做的菜真难吃！”“你根本不能胜任一个好妻子！”来自对失败的恐惧使这个女人在厨房里忙忙碌碌，却始终端不出可口的饭菜。

每个人都出生在不同的家庭，而且在生命中都被深深地打上家庭的烙印。由于不同的教养风格造成每个人风格迥异的性格。每个人成年以后的行为习惯一般都能在他幼年时期的家庭环境中寻找到答案。就像如今拖延者身上的拖延尾巴，也是在他生活的家庭里得以灌溉和滋养，才形成如今这样的局面。

尤其对中国家庭的孩子来说，这样的毒害恐怕还要更深一些。孩子是整个家庭的重心，一般在家长夸奖孩子时，都会说：“你真乖！”然而这个“乖”的意思，每个人的理解都是听话、顺从。中国历来就是讲究孝顺，孝顺自然是以顺为孝。

所以孩子的需求和想法很难得到实现，家长们都是按照自己的方式来塑造孩子，从而顺从和乖巧逐渐成为衡量一个孩子是否“好”的标准。一般家长的权威是不可以被忽视的，而孩子如果反抗权威带来的威胁可能是自己所惧怕的。

因此出于对父母强烈的依赖性，幼小的孩子不敢生出反逆之心，就算家长对孩子的要求是无理的，甚至是荒谬的，但是在父母面前，弱小的孩子也是没有能力来做出反抗。

小孩从一出生就会被父母寄予厚望，望子成龙是每个父母最迫切的心情。但是，父母的这种渴望改变不了孩子生来的素质，他们的期望与现实可能相悖。每个父母都希望自己的孩子聪明伶俐，长大以后能出人

头地，但是这种思想对幼小的孩子来说却是一种慢性残害。

如果当着孩子的面夸奖孩子可能会助长孩子自大的情绪，但是如果对孩子的努力视而不见，却对孩子所犯的那些错误津津乐道，就会让年幼的孩子意识到自己的能力不足，甚至会深陷于对自己的否定当中。这时拖延就成为他们对抗权威、反对批评的最佳方式。如果选择不去做，那么就没有成功或者失败。既然我的努力得不到夸赞和认可，就这样拖延下去，让机会自己消失。

来自家庭方面的否认会给孩子的一生产生深远的影响。严厉的家庭规则和过高的家庭期望会让孩子承受高于他们承受能力的压力，为了避免失败时父母的指责，他们就会选择拖下去。拖延可以用来蒙混所有人的眼睛，而且对他们来说也只是一个“小毛病”，总比面对批评的感觉好得多。

一旦这种自我贬斥的心态形成，我们就会无法面对现实的痛，就会选择形成一个“假我”来保护自己的成长。这个“假我”会赞同父母的权威，但是也会把自己当成一个受伤的孩子。当我们在拖延的行动中挣扎时，正是“假我”中的父母形象和小孩形象的斗争。

当你被一个权威式的人物要求你必须做这个做那个时，你就如同一个受了委屈的孩子，不愿意去听从指令。在开始或者不开始之间犹豫不决时，你好像可以听到自己内心不同的声

音："你必须在今年完成整个项目！""你必须拿下这个工作，否则就……"严厉的声音在内心响起时，总是附带了很严重的惩罚，而我们却不愿被这样驱使。

于是，行动上就会表达出内心的真实想法，我虽然打算开始，总是有各种理由阻挠进展，表达潜意识的抗议。对权威的抗议和对真实自我的保护。

六、拖延的潜意识，爱你在心口难开

我的上司王鹏是我们市场部的经理，最近他的精神压力很大。因为我们的总经理严格要求他必须在下周一的例会上交一份分析严密的市场报告。王鹏心里很清楚这份报告对于公司和他自己都非常重要，因为这有关他的年底考核。

同时，他又觉得完成这个工作是项既烦琐又不讨好的事，他必须通过大量加班来完成。面对这项焦头烂额的工作，又引发了他拖延的老毛病，像以前的每次拖延一样，他仍然给自己找了一个心安理得的借口——这项工作太重要了，我要好好考虑，好好规划一下。

一直到最后一天，他才开始了连续 10 多个小时的工作，报告勉强完成。可是，他自己都对报告的质量不满意，结果可想而知。到了周一，总经理看到报告时，他已经可以从总经理那不满的神情中知道自己今年的绩效考核分数。他再一次承受了拖延的苦果。

现在让我们结合案例来说明一下拖延的原因。假如我们站在王鹏的角度上来考虑，你可能可以体会他这样的想法："想要完成好这一项任务，我就要克服一切困难，在下周一准时交给总经理，这个过程真是难以忍受，如果不让我做该有多好啊！"其实他这样的想法也是正常的、合理的。可是，真正造成他拖延的原因其实是他潜意识中的另外三个想法：

第一个想法是，"这个工作太烦琐了！我真的太难忍受长时间的加班。就算是完成交给总经理，可能也得不到他的认同。"

第二个想法是“为了长远的快乐而忍受现在的苦难是很痛苦的事情。”

第三个想法是“我喜欢快乐，不喜欢痛苦，所以我就要让这个世界符合我的想法，否则我就太苦闷了。”

可能第一个想法你会认同。那么关于第二个和第三个想法呢？可能有的人就会觉得我自己并没有这种想法，你是不是也这样想呢？你是否考虑过这个问题呢？那么，现在就请你闭上眼睛，尝试做几个深呼吸，等放松下来后，认真想想你是不是有过这样的想法。在你这样做的时候，你可能会与大多数人一样，认识到在你内心深处存在过这个想法。

经过深思熟虑以后你会发现这种想法是不理性的，尤其是第二个想法。现在，我们来分析一下——“为了长远的快乐而忍受现在的苦难是很痛苦的事情。”要说有些事情你无法忍受，那是没有道理的，只要人活着，什么事都能忍受得了！其实你真正的意思是不愿意忍受而不是不能忍受。一旦你认识到这些想法是不理性的，那么就可以克服拖延。

为什么王鹏会产生这样的想法呢？想要解决这个问题，就不得不提到在我们每个人的潜意识中对生活逃避的想法。要从我们的婴儿时代谈起。当我们还身处襁褓之中时，就会开始设法满足自己身体上的欲望和需求，因为这些需求得不到满足，我们可能会难以生存下去。所以，这时我们的任何要求都会得到父母的立即满足。

因此在我们的潜意识中，自小就产生了这样的意识：我们的需求应该在顷刻间得到满足，痛苦是转瞬即逝的，舒适和快乐会取而代之。在襁褓中时，我们的需求得到及时满足是有益而无害的，因为只有这样，我们才可以生存。

在长大成人以后，我们的需求并非可以被及时满足，我们需要等待，甚至要为得到的东西去努力。从那种需求被立即满足的状态到为了满足需求去忍受痛苦是一个漫长的过程。可能有很多人无法忍受这段过程，因为他们长久处于受人照顾的婴儿期，似乎无法面对需求不能被及时满足的现实。

现在的你应该可以了解，为了逃避痛苦的等待，以及倾向于追求立即的满足，这是我们最原始的需求，也是导致拖延的原因。可是在现实这个世界中，想要拥有长远的快乐，就必须学会忍受一定的艰难和痛苦。暂时的忍耐是为了将来的快乐，对很多人来说确实不容易做到，因为这违反了人类的本性。因此拖延成了人类的顽疾。

在很多拖延者的生活信念里存在着这样一句话："如果我不……我就不值得被爱。"如果我不去做某件事，可能就会失去父母的疼爱；如果我不去做领导安排的工作，可能就会失去领导的信任，得不到友谊。总之，在拖延者的心里有在一杆秤，它随时都会来掂量自己所做的事可以带来多少爱。这些想法都源于那些潜意识里的感受在作祟。

七、混乱的时空，拖延者的心理时间

我的发小古云，小时候上学每天都迟到，对于老师的批评无动于衷。每次约他出去玩都是一大群人等他一个人，久而久之大家都不爱跟他出去玩。

工作以后，偶然的一个机会我们见面了，于是互相谈论各自的近况。他说他还是没有改变拖延

的毛病，因为这个问题与女友的感情破裂，最后无奈分手。工作方面被领导嫌弃效率低，因此一直处于边缘状态，多年以来都没有上升的空间。现在他独自一人生活，虽然知道自己的问题所在，可是战胜拖延对他来说还是难于登天。

时空历来都是被当作一个哲学问题，从古至今，也没有人能给出一个明确的定论。关于时间是否永恒的问题，也没有人知道答案。但有一点可以明确，那就是："每个人关于时间的感觉都是不同的。"

农民每天都是日出而作，日落而息，把太阳作为时间的参照，他们喜欢把时间称为日子，因为一天又一天组成了他们全部的生活；生活在两极附近的人，依靠着太阳在两半球间的轮回记录着自己度过的分分秒秒；在救死扶伤的医生眼中，他们要做的就是与时间赛跑，片刻的耽误，都可能造成一个鲜活生命的流逝。

在同一个时刻，就算是同一个人，在不同的情绪状态下，面临着不同的任务情境，也会产生不同的感觉。

通常对拖延者来说，他们的时间是混乱的。因为在他们的眼中，时间仿佛是一根橡皮筋，最后的那段是可以无限延伸的，在他们心里希望可以通向遥远的宇宙，可以让他们在最后期限完成自己的任务。前面的时间对他们来说是被压缩的饼干，能够被他们一口吞下，从而完全忘记自己手边的事情。

时间的混乱带来的是混乱的结果。忙碌仿佛在充斥着你的生活，焦虑让你困扰不已，你想要找个方法解脱，可是事情却总是接踵而至，让你应接不暇，这样的生活让你的心情杂乱不堪。

虽然你已经是个成年人，可是你总是像个小孩子一样存在幻想，希望可以在最后关头，像小时候看的动画片那样，利用魔法冻住时间，然后再去做自己不得不做的事情。这种幼稚想法让你总是在时间的旋涡里不断打转，从而无法看到真实的时间在流逝。

八、“病态”的悠闲：没关系，我还有明天

工作对所有人来说都是一样的，永远没有终结的时候。但是当你心烦时，你就会觉得它像夏日的苍蝇一样惹人烦，没完没了。我的表弟胡凡就是拖延症的患者之一，他整天抱怨工作没有结束的时候。

他最近刚刚结束了一个不错的单子，上司和客户都表示非常满意，他本想过几天逍遥自在的日子，可是新的任务立马又来了，顿时熄灭了他心里那点兴奋的小火苗。

“工作怎么没完没了，真是烦透了！”在胡凡的心里流动着抱怨的气流。

“完成了这个，肯定还会有‘接班’的，不会让我有闲着的时候。”胡凡继续加强心理暗示。

“没有人会心疼我，可是我自己心疼自己。半个月肯定足够了，不用着急，先放松放松再说！”胡凡做出了终极决定。

最后只剩下一周的时间，胡凡依然觉得时间充裕。在他的心里做创意方案这种事儿不能着急，真正操作半天的时间足够了，关键是前期的苦思冥想，那才是黎明前最黑暗的时候。于是他又给自己一周的时间寻找灵感。

人们对拖延症的理解是“将之前的事情放置到明天”。就像胡凡一样，总是觉得时间还多，着什么急，只要最后完成保质保量的工作就可以了。严格意义上来说它算不上什么正儿八经的病症，医院里也没有治疗它的科室，但是它却无时无刻不在困扰着人们的内心。我们总是在不知不觉中掉入拖延的旋涡。

我们有时候会觉得时间过得很快，有时又觉得仿佛像蜗牛爬一样慢。当我们在做自己喜欢的事情时，不管是在互联网上冲浪还是在装饰你的爱车，或者赖床不起，时间在你的感觉中都是像在飞速运转。但是如果你在急等一个电话，或者做一项你不喜欢的事情，那么一分钟在你看来都会像一个小时那么长。

对时间的一个独特概念会让你产生一种与众不同的自信，这种感觉为你的内在时钟和生物钟提供了空间，并帮助你在芸芸众生中寻找自我的感觉。主观时间让你的生物钟不是随着钟表的转动为准，而是依靠自己的这种感觉对时间来个界定。

拖延症在主观时间中的变体就是“事件时间”，它依靠的是围绕着某件事情的发生、发展从而定位你的时间感。当这些事件发生在大自然中，比如潮汛、季节、风暴或者洪水（自然灾害之前和自然灾害之后就是这样一对时间概念）。又如当你在想“等写完这份工作总结我就去参加一个会议”，你使用的就是事件时间，相似的例子还有很多：“我把行李收拾好之后马上去机场”或者“晚餐后我要开始学习了”。

如今摆在每个拖延者面前的挑战是：将我们个人的主观时间与具有不可动摇性的钟表时间整合到一起。如果我们自制力足够好的话，可以在它们之间达成无缝连接。

当我们沉浸在事件时间时，如果还知道自己什么时候应该离开，会为了准时赴约而动身，那么就不会失去诚信。或者，当我们在进行一个周期比较长的工作时，虽然最后期限还是遥遥无期，但是我们感觉不到压力，还是会按时开始工作，这就说明你找回了自制力。

九、拖延者眼中的自己：透过哈哈镜的影子

有一个非常有名的餐厅“蜀地传说”，在北京3家、上海2家、东莞1家、齐齐哈尔1家……而这个餐厅的老板就是毕业于上海戏剧学院表演系的任泉，当初他的目标是开20家分店。

大学刚毕业时，有一次吃到朋友父亲做的“辣子鱼”，他非常喜欢，于是就开始筹划着自己开家餐厅。“刚开始就几张桌子，几把椅子，慢慢才形成了规模”。任泉的理想就是这样通过几把椅子搭了起来。

在谈到创业经验时，他坚定地说：只有一点，有想法就马上去做，不要拖，不要想太多。有时太多的论证、包袱、准备或者使命感，往往是一种漂亮的拖延，心理的自我袒护，是退却的“完美反应”。

只是，再完美的退却，远不如一次简单的出击。

很多拖延者都在等待一个完美的时机，展现完美的自己。所以他们在看待自己时，总觉得自己不是可以完全被接受的。因为他们总是在力求完美，然而在现实中总是会有这样或那样的缺憾，由于这些严苛的要求，导致他们会有意无意地谴责自己，因为他们没有得到完美的目标。

面对理想和现实的落差，心底的挫败感就会油然而生，好像站在哈哈镜前看自己一样，把自己的优点缩小，缺点被无限放

大，把自己看作是一个一无是处的怪物，而不是那个现实中匀称得体的人。但是你却对镜子中的影像深信不疑，看着这个扭曲的影子，心底的无助让你对自己失望。

但是你却忘记自己是这个世界唯一的存在，存在的意义已经远远大于你追求的那些目标。无限地放大缺点，忽视自身的优点，这样的形象在你的内心已经变得如此卑微，如同尘埃，让人自暴自弃。

拖延者对自我存在意义的忽视，对自由选择的放弃，如同一片落叶，失去了方向。所以拖延者要学会做出选择，选择你要走的路，选择你的生活方式，选择你的未来，当然也包括选择你看自己的镜子。要理性地看待你的缺点和错误，不随意放大也不缩小，对于优点和长处，既不张扬也不隐藏，以你的方式接受你自己。

十、拖延者建立自信的秘诀

（1）进行积极的心理暗示

在日常生活中要不断地告诉自己：我才是最优秀的。既然你存在这个世界上，肯定有你的用武之地，天生我材必有用，我们做任何事情都要时刻在心里不断地提醒自己。

（2）建立对目标的渴望

想要成为一个优秀的人才，尤其是作为一个男人，在事业上就应该有点野心，这样你才有信心去克服困难，完成不可能完成的任务。有位名人曾经说过，一个人的野心有多大，那么就决定了他的事业有多大。

（3）制订一个详细的计划和方案

想要不拖延就应该有自己的计划，并且要脚踏实地地去执行。如果指定的计划周期太长、太大，那么不妨尝试把自己的计划分解。把大目标分解成很多的小目标，然后去完成。

（4）要有远见性

如果你对未来的局势看不明白，或者判断时发生了失误，你决定奋斗的第一步就走错了，那么在这个过程中，你是否完成了任务，是否保证了过程中的质量，这已经无关紧要了，因为你从奋斗一开始，就注定了失败。所以想要给自己培养自信就得找对方法并且切实地去实施。

十一、社交恐惧型拖延症：担心只是纸上的柠檬

我上初中时，有一个同学与我关系非常好。我们很快就成为形影不离、无话不说的好朋友。那时候我经常去他家玩，但是必须是他父母不在家时候，如果他父母在家，我就不去他家。

有一天，他叫我去他家玩，我问他："你爸在家吗？"他说："在家呢。"我说："咱俩还是去别的地方玩吧。"这时他对我说："你来我家，看到我爸就叫声'叔'，这事儿有那么难吗？然后咱俩该怎么玩就怎么玩。为什么对你来说看到大人叫声'叔'或'姨'就那么难呢？"

这段话一直藏在我的记忆里。那些年我也经常问自己："为什么对我来说看到大人叫声'叔'或'姨'就那么难呢？对别人来说这么简单的事儿，为什么对我来说如此困难呢？"即使偶尔叫出来，我知道自己脸上的微笑也是僵硬的。为什么会这样？我曾因此产生自责的心理，觉得这完全是我自己的错。

直到后来，我阅读了一些关于心理学方面的书，才知道我那时根本不用因此事而自责，因为那并不是我的错，根源来自我的童年。因为童年时我没有得到父母太多的爱，于是我就对整个成人世界有一种恐惧心理。在我的潜意识里，每一个成年人身上都有我父亲的影子，我担

心其他成年人也会像我父亲一样伤害我，所以我尽可能地避免与他们打交道。

然而正是童年的伤害致使很多人患上社交恐惧症，进而患上了拖延症。如果是必须通过社交来搞定的事，他们就会不断拖延下去，因为他们害怕与社会上的人打交道，我们可以将这种拖延症命名为社交恐惧型拖延症。

十二、治愈社交恐惧症的秘诀

接下来我们一起探讨一下如何治愈社交恐惧型拖延症。

首先要做的就是建立一个有力的人际关系，必须遵循以下三个步骤：

（1）先让自己有价值，简而言之，就是如果你自己不能被利用，那么就没有机会结识有价值的朋友；

（2）善于传递自己的价值，也就是说，善于随时主动地向他人提供自己的帮助，乐于助人才能得到别人的帮助；

（3）习惯向别人传递朋友的价值，用 IT 词汇来说，要乐于做一个关系网的“推荐引擎”，成为一个交际中心。

如果想要搞好社交，只要做好这三件事即可：不断提升自己的价值，巧妙传递自己的价值，经常帮助有价值的朋友传递价值。

如果你总是不断地提醒自己有意识地去做这三件事，那么在未来的某一天就会变成一个社交大师。

第三章

CHAPTER 03

揭穿自控力陷阱，走出失控的怪圈

我们为什么很容易情绪失控，谦谦君子往往变成“老虎屁股碰不得”。因为你的情绪被某些事情所影响，从而陷入了失控的怪圈。从而做出一些并非你本意的事情，甚至去伤害别人，破坏你的人际关系。本章将为你讲述如何逃离自控力的陷阱，让你的生活回归到正常的轨道。

一、你不可预知的自控力陷阱

我的朋友圈中有一位朋友，每次她失恋都会到处找人控诉对前男友的不满，甚至号啕大哭，或者在朋友圈里发布一些非常感伤的文字，整天要死不活的，然后朋友们就会询问发生了什么事，大家都去安慰她，只要她一失恋，朋友们就要去关心她，如果不关心她，就会觉得你不是真心的朋友，可是一次两次，朋友们还有同情心去安慰她，次数多了，朋友们懒得去劝慰，因为跟她闲聊时，她总是带有一种负面情绪，让人很是无奈，朋友非常好的心情也会被她搞得异常糟糕。时间长了，她就是整天散布忧郁的情绪，朋友们也只能做个看客。

可能负面的情绪在当事者看来是自己得到了关怀和心里慰藉，可是时间长了，朋友们会渐渐远离经常带有负面情绪的人，因此经常带有负面情绪不仅对当事者的身心不宜，甚至会受到朋友的厌恶，所以一旦生活中有不顺心的事，要学着去驱散阴霾。

你有没有这种经历，每天早上起来心情低落甚至想要发火，可能是因为昨晚睡得不好，睡得晚或者睡眠姿势不对或者枕头不舒服，都会让你一天之中一直沉浸在一种负面情绪中，可能你自己都想不明白为什么自己的心情这么差，看什么都不顺眼，不是自己的问题肯定都是他们的错。

可是偏偏有人就习惯沉浸在这种负面情绪中，这是为什么呢？为什么有人就喜欢负面的情绪呢？

因为人们在负面情绪中可以尽情地释放自己心中的不满，想抱怨就抱怨，想生气、撒泼就由着性子来，这就像小孩子，一旦跟父母要求一些东西得不到，就会利用吵闹、撒泼的方式来达到自己的目的，因为他们知道父母不想让他们有一些不良情绪，因此就会尽量满足他们的要求，小孩利用这种方法一次尝到甜头，第二次就会故技重施，同样对成年人来说也是如此，一旦自己心情不好，朋友们就会来到你的面前进行安慰。你享受这种被人呵护的感觉，就会喜欢沉浸在不良情绪中并渴望人们的关怀。

二、摆脱负面情况情绪秘诀

负面情绪难免会伤人伤己，当负面情绪将我们占据，应该如何摆脱它们呢？你可以尝试着用下面的心理小方法，去和你的负面情绪说再见！

（1）雨中散步

国外科学家研究发现，在毛毛细雨中轻松悠闲地散步，能充分领略雨中的自然美景，犹如欣赏一首欢快的交响乐，从而陶冶性情，驱烦解忧，有益于心理平衡。初降雨时会产生大量的“空气负离子”，这种享有“空气维生素”美誉的物质，可以调节神经功能，加速血液循环，促进新陈代谢，进而起到安神镇静、防病健身的作用。

（2）理发

理发时处于被动安闲状态，发型的改变可获得心理上的轻松和愉悦，使情绪好转。人在理发时头部在剪、修、洗中受到刺激，增加脑血供应，大脑中枢发生应激反应，从而改善心理状况。

研究人员发现，从美发厅出来的女士，不仅看起来漂亮，而且她们的情绪也明显变好。另外，通过将电极接到女士身上的实验知道，在洗头、梳理并吹干的过程中，精神变得愉快；同时，心律亦变缓，血压下降。心理学家还认为，一个人在

情绪变坏时，若能改变一下发型，可以抑制坏情绪的早期发作及干扰引起抑郁症的激素产生。

（3）白日做梦

白日做梦常用来讽刺那些不切实际空想好事的人。然而，从心理学观点来说，做白日梦是一种有效的松弛心理神经的方法。专家们认为，“空想”对松弛身心、解决问题大有益处。你幻想的加薪、升迁甚至“做梦娶媳妇”，都事出有因。美国心理学家指出，白日梦虽然是虚幻的“遐想”，但对人的精神心理有积极作用。对每日从事紧张、刻板、枯燥工作的人们，白日做梦能使你从乏味、烦恼的现实中游离出来，徜徉于白日梦境中，情绪能获得松弛，有助于消除生活和工作中的不悦。

（4）拥抱大树

当你心情不畅、烦事缠身时，不妨到郊外、公园等环境幽雅静谧的地方，伸开双臂拥抱大树2～3分钟，定会使你产生身心舒畅的效果。医学家认为，拥抱大树可以使机体释放“快乐”激素，而与之作用相反的肾上腺素即“压抑”激素分泌减少。在“快乐”激素的调节下，人的心情格外愉悦舒畅。

（5）聊天

心理学家认为，聊天是获得美好心情的一种有效而愉快的手段。茶余饭后，节假闲暇，亲朋好友聚会，合家老少相围，妙语连珠，风趣的谈话，一切烦恼琐事都会抛于脑后。聊天之乐，益于身心。

（6）欣赏音乐

音乐疗法兼有心理治疗和物理治疗两种作用。节奏感强、音调高昂的乐曲，可增强信心，振奋精神；节奏缓慢、音调和谐的乐曲，可使呼吸平稳，心跳规律，血压下降，有助于调节植物神经功能，起到镇静安神的作用。

三、我们为什么总会轻许诺言

我的朋友钟情跟我诉苦说："我现在都恨死自己了，为什么要答应上司做那个工作呢！结果把自己搞得痛苦不堪。"

原来六个月前，上司找钟情谈话，公司准备接一个大单子，上司希望钟情可以参与，并且向她详细描述了项目的每个细节，完成这个项目以后，钟情在公司的价值和地位都可以得到提升。钟情考虑到自己的精力有限，于是婉拒了上司的建议。

可是上司说，这个项目在半年以后才会用得上你，在这段时间内你还可以继续你现在的工作，她还强调无论做出什么选择都尊重钟情。钟情思量完成这个项目可以给自己带来的收益，一时没有忍住答应了上司的建议。

可是六个月过去了，她收到上司的一份邮件，上面列举了需要钟情负责的工作，任务繁重，需要在两周之内完成。并且这个项目非常重要，上司对钟情寄予厚望。钟情现在手上的工作依然很繁重，两者加在一起，钟情真是吃不消。

钟情在六个月前接受这项任务时，其实也想到自己会陷入深潭。现在的她开始自责，自己当时究竟是怎么想的。

在对遥远的事情做决定的时候，我们往往会低估这个事情对现在的生活会产生什么样的影响。看到的只是接受这项工作会让上司喜不自胜，自己在公司的地位会得到提升。但是往往需要自己实现诺言时又会觉得不堪重负。

那么，我们为什么会轻许诺言呢？因为当对遥远的事情做承诺时，我们的大脑无法提供清晰的判断，导致很难做出正确的决定。

当时的大脑只会对现有的处境做出判断，预测当时受到的威胁和可

能的回报。哪怕只是对几周以后的情况进行判断，我们都会紧张不安。因为我们的大脑喜欢及时兑现的回报。

那些出售高价商品的人常常利用这种方式来卖车卖房。当你在跟销售员打交道时，他们都会跟你提到“月供”，就算你避开这个话题，最后他还是会绕到这个上面。因为这个话题可以让你觉得现在需要你解决的资金很少，未来可能出现的问题就很容易被人忽略。所以当你说买不起车时，他就会从这个方面入手，提醒你可以通过分期付款解决。

如果你现在还是说买不起，那么销售员会建议你不是选择五年期贷款，而是选择六年期贷款，不管是选择五年期还是六年期，在你看来都没有什么不同，多交一年贷款可能会让你多掏几千元钱，可这都比不上现在就开上新车让你兴奋。他们让你的注意点放在买下这辆车会让你得到什么好处，而避开那些将来会发生的烦恼。

而且他们还会让你尽量第一天就成交，道理很简单，他们不会给你更多的时间去考虑利弊，否则谈好的生意就可能告吹，推销抢的就是时间，让你尽早拍板，让你的大脑来不及做出最优选择。

四、一时的不如意却让你破罐子破摔

陈思思在其任职的公司已经工作很多年了，虽然她很努力，但始终得不到老板的赏识，所以一直没有升职和加薪的机会，还只是个普通的销售员。眼看跟自己同时入职的同事都成为自己的顶头上司，刚开始她还可以保持一种平常心态，认为自己还需要努力，但去年他与丈夫离婚后，法院将儿子的抚养权判给了丈夫，就是因为其经济能力有限。

陈思思从此开始愤愤不平，认为自己付出了很多努力却得不到公司的提拔和重视，于是开始破罐子破摔，在工作上开始消极怠工，对于公司的任何事情都表示不满，甚至在公司内部散发一些蛊惑人心的破坏性言论，最终惹怒了老板，惨遭公司辞退。

为什么人们轻易选择破罐子破摔呢？这种心理有什么依据呢？1967年，美国心理学家塞利格曼把狗关在笼子里给予电击。在重复多次后，他把狗放出笼子继续电击，狗已经不会逃跑了，这就是“习得性无助”的心理效应。意思是指不可控事件不断发生，让人无能为力，进而丧失信心，陷入无助的心理状态。

“习得性无助”在人身上表现为习得的无能为力：如果一个人发现自己怎样努力都无法成功时，他的精神支柱就会土崩瓦解，丧失斗志，选择放弃，陷入绝望。成绩差、工作没起色、年老多病……大多处于逆境中的人都会出现类似的特征。这一效应还具有“传染性”，看到别人屡遭挫折，自己也看不到希望。

在职场中，人无外乎有两种心态，一种是消极心态，另一种是积极心态。并不是所有的人都可以一直保持积极心态，当消极心态来临时，职场烦恼就来了，破罐子破摔的心态就是自己的意愿得不到满足时产生的消极心理。

五、消极的心理消除秘诀

（1）运用积极的心理暗示，带人走向光明

人们一般在追求成功和逃避痛苦时，都会不自觉地使用各种暗示的方法，比如危难临头时，人们就会相互安慰：“快过去了，快过去了。”从而减少忍耐的痛苦。在追求成功时，就会把目标设想的特别美好，想象着一个美好的场景，这个美景就对人构成一种暗示，它为人们提供动

力，提高挫折耐受能力，保持积极向上的精神状态。

（2）职场中要尽快克服消极心态

每个人都有自己的“情绪周期”，有时候是由于工作压力过大的原因，这时要有效地缓解职场压力。有时候可能是职场新人，职场新人初入职场要面临的问题很多。应该先做些简单的工作，不要给自己增添过重的负担，可以在自己情绪高涨时处理那些令人棘手的问题，因为好心情能激发饱满的工作热情，促使人们增强信心，产生知难而上的挑战欲。

人在良好的状态下迎接挑战，可以淡化为难情绪。别给自己和同事贴上这样或那样不尽如人意的标签，如“缺乏变通的技巧”、“大家都不喜欢”，等等。要知道，真正能够击倒你的人不是身边的同事，恰恰是你自己。

那么，如何来对待职场中各种来自同事的消极心理暗示呢？可以考虑类似于“汽车预热”的方式，可以有效调整心情。司机都知道，汽车上路前要进行发动机预热，这样才能保证汽车良好的行驶状态，做事也是一样。心情不佳时，先不必急于工作。可以先与同事们交流一下，或是先翻阅、浏览一下自己感兴趣的东西，当给自己的心情“预热”之后，再以崭新的面貌进入工作状态，那时候，消极的情绪就会得到缓解和缩小，职场能量就可以正常积蓄，大家一定要注重积极心态，往往职场中成功的秘诀就是你的积极心态。

六、被踢的猫很无辜：情绪传染的威力

有一天，我站在一家珠宝店的柜台前，把一个放着几本书的包放在这里。后来进来一个衣着讲究、仪表堂堂的男子，也开始在柜台前看珠宝，我礼貌地将我的包移开，但这个人却愤怒地看着我，他说：“我是个正直的人，绝对无意偷你的包。”

他觉得受到侮辱，重重地将门关上，走出这家珠宝店。我感到十分惊

讶，这样一个无心的动作竟会引起他如此愤怒。后来我的心情也很不爽，莫名其妙被人嚷一通，于是选择开车回家。

可是当我挤在密密麻麻的车阵中，缓慢地向市中心前进时，我满腔怨气地想：为什么有那么多笨蛋也能拿到驾驶执照？他们开车不是太快就是太慢，根本没有资格在高峰时间开车，这些人驾驶执照都该吊销。

后来，我和一辆大型卡车同时到达一个交叉路口，我心想：这家伙开的是大车，他一定会直冲过去。但就在这时，卡车司机将头伸出窗外，向我招招手，给我一个开朗、愉快的微笑。当我将车子驶离交叉路口时，我的愤怒突然完全消失，心胸豁然开朗起来。

我想珠宝店的男子不知道在哪里生气了，于是把这种坏情绪传染给我，带上这种情绪，我的眼中也充满了敌意。感觉每件事都在跟我作对。直到看到卡车司机爽朗的笑容，他用好心情消除了我的敌意。

可见，人的情绪也是会传染的，当你笑脸对人时，别人也对你微笑；当你满脸的低落情绪时，别人也跟着你感到难受。所以要学会不把不良情绪带到工作中或生活上，沟通的方式一定要随着沟通角色的改变适时地进行转化。

1992 年，意大利帕尔马大学的佐拉蒂教授在研究猴子脑细胞的实验时有一个发现，猴子在做动作时，大脑中某个特定位置的神经元立即处于激活状态。更让人惊讶的是，猴子在观察到别的猴子，甚至是人，在做同样的动作时，大脑中的那个特定位置的神经元同样被激活。

它们的大脑好像分辨不出“是自己实际在做”和“看到别人在做”之间的区别。这些神经元就仿佛是一面镜子，能直接在观察者的大脑中映射出别人的动作，因此被称为“镜像神经元”。

但是后来发现，在人类的大脑中，也普遍存在这种镜像神经元，它们广泛分布在两个大脑半球的重要区域，包括运动前皮质和顶叶皮质。

镜像神经系统不但可以对行为产生镜像反应，而且对人的面部表情和情绪也会产生镜像反应。这可能就是“情绪会感染”的真实原因。

当你看到面露恐惧的人，你也会感到恐惧；看到欢乐的笑容，你也会心情愉快。有时我们会说：“我能感受到你的悲伤。”这句话其实是那么的真切。经常看到有人抱着哭成一团，是因为他们的情绪在相互感染。

七、这个地方为什么让我感觉似曾相识

在一个路边的餐馆里，我与一个刚认识的朋友聊起正在热映的电影，这个时候我突然有种奇怪的感觉：身边的服务员捡起桌上掉落勺子的动作异常眼熟。一瞬间所有的东西都变得熟悉起来，这个餐馆、这个餐桌、这个位置、对面的朋友，周围的空间似乎都曾见过，我几乎提前知道朋友的下一句话是：“要是早点开始看这片子就好了，真遗憾，我刚看到第二集……”

这种奇异的感觉只持续了很短的时间。“怎么了？”朋友注意到我的表情。“没什么，只是感觉刚才那个场景似曾相识而已。”我回答道，“这种感觉我也经常会有，很正常”。“是吗，真有意思，我可从来没有过那样的感觉。”朋友变得很兴奋，“可是这怎么可能呢？我们刚认识不到一个小时！”

确实奇怪，与一个刚认识的人，在一个陌生的餐馆，甚至讨论的话题也是不久前刚知道的，怎么可能产生似曾相识的感觉呢？这个世界

上，从未有过似曾相识感的人占30%左右，他们会认为我的这种体验诡异而反常，把没有过的事看作有过，明明就是一种荒诞。

其实在人的大脑中每时每刻都在虚构着各种情景，当然这主要是潜意识在起作用，当你在现实中遇到相似的情景时，就会与你大脑中刻画的情景相符合，再加上心理强化的作用，就会让你产生似曾相识的感觉。

因为人在睡眠时，大脑仍然会在运转，计算着现实中的各种参数，得到许多种结果。似曾相识的情景就是大脑运算的结果之一。

研究人员认为这可能是某个印象已经潜藏在潜意识中，然后偶然在梦里显现出来，也有些研究指出这种现象和另一种超越时空的潜意识有关。

在梦里已经出现了这个情景和预知将要发生的事情，只是记不清梦境了，所以当你在遇到事情发生时会觉得好像在哪里经历过。其实只是勾起了你自己的记忆，对梦的记忆。

这个现象在医学上还有一种解释是大脑皮层瞬时放电现象，或者叫作错视现象，也可以被称为视觉记忆，经常会发生在你比较熟悉的情景中。在我们大脑中存在一个记忆缓存区，当你看见一样东西或者是遇见一件事时就会暂时存在这个区域中。

之所以会发生眼前的事情好像已经经历过这种感觉，是因为我们在记忆存储时发生了错误，把它存在历史记忆中，在看着眼前的事情时你又从历史记忆中把它找出来，你就觉得好像以前已经发生过了。在大脑疲劳时会比较容易产生这样的错觉。

许多有“似曾相识”体验的人认为自己的感觉来源于梦境。尽管大部分梦境不会被记住，但是它可能直接跳过浅层的短期记忆而被导入深层的长期记忆。“似曾相识”就可能来源于被遗忘的梦境，当现实中有相似情景时，梦境中的记忆就会被唤醒，从而产生似曾相识感。

比如，当你在寻找一个工具时，满屋子都找遍了就是找不到，但过

了一会儿或一段时间，这个工具却明明摆在平时放它的地方。

神经学家认为，记忆是由众多脑细胞构成，脑细胞之间通过极强的化学反应相联系，想唤醒记忆，就要定位和刺激某组脑细胞。大脑清楚记忆之间有相似性，如树莓酸甜的口感和草莓差不多，也能分清相似但不完全相同的记忆，如食用某种红色浆果会让人反胃。

这种能力就是所谓的“模组分离”。大脑中的“模组分离”线路有时会失灵，这样一来，新体验和旧记忆似乎就完全相同，这正是人们产生“似曾相识”感觉的原因所在。

八、善与恶的道德平衡，道德许可的陷阱

我的朋友28岁的张楠，半年以后就要结婚了。她想在婚礼之前减掉10斤的体重，所以她决定每周锻炼3次。现在的问题是，她知道每走一个台阶可以消耗多少卡路里。因此在燃烧卡路里时，她就会不自觉地想到自己可以吃多少食物。虽然她也计划减少卡路里的摄入，但是她总觉得在健身的日子里可以多吃一点。如果她多运动5分钟，就会多吃一点巧克力。锻炼成了她放纵的许可证。因此，她的体重最终增加了6斤。

当张楠觉得锻炼可以多吃时，已经破坏了自己的减肥目标。为了从这种许可的陷阱里走出来，张楠需要将锻炼看成完成目标的必要手段，而更健康的饮食是另一个独立的手段，它们是不能互换的，即使一个取得了成功，她也不能对另一个放松要求。

研究人员发现这样一个事实：当一直被抱怨菜单上都是一些垃圾食品的麦当劳开始出售一些健康食品时，巨无霸、薯条等传统的“垃圾食

品”的销量反而暴涨。为了弄明白究竟是什么原因，研究人员模拟开设了一家餐厅，给客人提供不同的菜单，来观察人们的反应。他们有一个惊奇的发现，当菜单里有健康沙拉可供选择时，人们就更有可能选择那些最不健康的食物。

斯坦福大学的教授凯利•麦格尼格尔在研究心理学时指出，人们普遍具有这样一种行为。

我们没有一个明确“好”行为和“坏”行为的标准。可能我们在控制了购买欲时会选择回家多吃点美食。当公司职员花费更多的时间去处理公司业务时，他就会觉得，用公司的信用卡支付自己的账单也是合情合理的。

任何让你对自己的美德感到满意的事，即便只是想想以前做过的善事，都会允许我们冲动行事。

我们的大脑里并没有一位称职的会计师，能准确计算出我们有多善良，或者我们赢得了多少放纵自己的权利。但是我们相信这种感觉：我一直是善良的，一直是个好人。很多时候，我们根本想不出一个能为自己辩护的逻辑说法，但我们无论如何都会坚信直觉。

“道德许可”最糟糕的部分并不是它可疑的逻辑，而是它会诱使我们做出背离自己最大利益的事。它让我们相信，放弃节食、打破预算，多抽根烟这些不良行为都是对我们的“奖励”。这很疯狂，但是对大脑来说，它有很可怕的诱惑力，能让你把“想做的事”变成“必须做的事”。

这在某种程度上很好地解释了人们为什么不能做到“知行合一”的心理机制。简单来说，当你认为自己在做善事（或者好事）时，你会感觉良好。这就意味着，因为你认为自己品德高尚，所以不会质疑自己的冲动，反而比一般人更相

信自己的冲动，而冲动恰恰会致使你做坏事。

任何让你对自己的美德感到满意的事，即便只是想想你做过或者将要做的善事，都会让你不自觉地给自己一点“奖励”。比如，你因为花钱种树做环保而自我感觉良好，因此，你就更容易在买车时选大排量的，因为你会在潜意识里给自己的善行一点“奖励”。

任何被我们道德化的东西，都不可避免地受到“道德许可效应”的影响。什么是道德化呢？是指脱离行为本身，人为地给事情赋予“善”、“恶”或者“好”、“坏”的正反标签。

当站在麦当劳柜台前的人们看到、想到健康沙拉，那么他们就觉得自己已经获得一种餐桌上的“道德许可证”，他们就会立即给自己一点“小奖励”：放纵自己的冲动，去吃垃圾食品。

比如，看到有的互联网企业总裁发出公开信，要求在公司里提倡狼性文化，引起一片哗然。其实这封信中最主要的是讲创新、保持活力、提高整体竞争力，等等，这些都是很好的目标。

但是，一旦用“狼性”这个理念，就抛弃了目标本身，而是把工作行为和工作方式道德化，有了“好”、“坏”的分别和对立。

接下来，就是“道德许可效应”发挥作用：因为强调了某种强大积极的理念，因此，就允许自己开始“自我补偿”。比如，把手伸得太长，严重干预员工的私生活；又如放纵自己在商业模式上的作恶。

与此类似，还常见某些公司提倡感恩文化。但是凡是老板酷爱宣传感恩文化的公司，往往却是不太容易合作、上下级关系不太和谐的公司——因为自认为在感恩方面做得好，因此就给自己领了道德许可证——许可自己对他人刻薄、怠慢。

如何防范这种带着美好愿望却

总是导致作恶的道德许可效应呢？心理学家们认为至少有两点值得高度注意：

（1）关注目标本身，而不是包装目标的理念。目标是具体的、有标准、可衡量的。但理念却是灰色的，轻易被人们贴上善或恶、对或错的标签。本来追求实现目标无可厚非，但一贴上理念的标签，往往就会把各种手段道德化。

（2）关注行为，而不是纠结动机。公司是一个“半公开场合”，不同的人们聚集在这里一起工作，就像修建一座商业巴别塔。人们真正可被观察和改变的是他们的行为，从某种意义上说，行为即结果。但动机则是极私密的，对行为的评价是有效或者无效，对动机则很容易因为文化差异而标签化。

九、每个人都有“第二个大脑”

我的同事李彤从小就患有肠胃炎，参加工作后会时不时地复发，她每次都认为是老毛病，毫不在意。

尤其在工作紧张需要连续加班时，甚至连着一周的时间熬通宵，每次加完班李彤都要去医院，可是吃了很多药还是没有办法来扼制，李彤为此也是头疼不已。

其实李彤的老毛病并不是真正的身体有病症，而是一种紧张、焦虑的情绪导致的情绪性肠胃炎。因此想要治疗这种情绪性肠胃病就要给自己一个轻松的心情和慢节奏的生活。

人有两个大脑，一个位于头部；另一个却不为人知，其实藏在人体的肚子里。然而更不可思议的是，这个藏于肠部的大脑竟然也控制着人的悲伤情感。

研究位于肠部的大脑发现，成长过程中经历离别亲人、失去亲人等

伤痛的人长大后更容易患肠胃疾病。

1996 年，来自美国哥伦比亚大学解剖和细胞生物学系的主任迈克•格尔森提出“第二大脑”这一概念，认为每个人都有第二个大脑，它位于人的肚子里，负责“消化”食物、信息、外界刺激、声音和颜色。当时这一理论虽然引起关注，但是并没有完全揭示两个大脑之间的联系。

通过深入研究，现在格尔森提出这个位于肚子中的“腹脑”实际上是一个肠胃神经系统，拥有大约 1 000 亿个神经细胞，与大脑细胞数量相等，它能够像“大脑”一样感受悲伤情绪。格尔森发现，患有慢性肠胃病 70%的病人在儿童成长时期都经历过父母离婚、慢性疾病或者父母去世等悲伤。这是因为“腹脑”是内脏神经系统中的一种，它既与大脑和脊髓有联系，又相对独立于大脑。

很多人都会偶尔出现肠胃不舒服，这就是“腹脑”在发脾气。但人们很少想到这些症状与突发事件、人际关系持续紧张、长期工作压力、焦虑情绪有关。

“腹脑”通过迷走神经与大脑联系在一起，但是它又相对独立于大脑监控胃部活动及消化过程，观察食物特点、调节消化速度、加快或者放慢消化液的分泌等。

这套神经系统能下意识地储存身体对所有心理过程的反应，而且每当需要时就能将这些信息调出并向大脑传递。于是，“腹脑”就像“大脑”一样，能感觉肉体和心情的伤痛。另外，人患忧虑症、急躁症，以及帕金森症等疾病都能引发“大脑”和“腹脑”出现异样的症状。

在电脑前忙了一下午，连喝口水的时间都没有，等忙完了，你很可能发现有反酸、口苦的感觉。这是因为焦虑、紧张等负面情绪，显著延缓了胃的消化与排空，肠道运动也明显受到抑制，最令人尴尬的是随后肠胃的不适可能表现为口腔异味。

医学研究发现，每一天，甚至每一分钟，胃的机能都受到情绪的影响并且影响十分明显，气愤、恐惧、激动、焦虑等情绪可使胃的分泌量增加，酸度增高；而抑郁、悲伤、失望等情绪，则使胃液分泌量减少，酸度下降，胃的运动减慢。无论酸度升高还是下降都会让我们的胃不舒服。

专门支配内脏器官活动的神经叫作自主神经，也就是说，肠胃的最高领导是大脑中枢，但是也与大脑相对独立，“情绪”是中枢神经的反应，必然会通过对自主神经的影响，而影响到肠胃等内脏器官。

胃肠道神经细胞数量非常多，仅次于中枢神经，因此对情绪的响应相当灵敏。这些细胞同时具有分泌的功能，在接收到大脑传来的“情绪刺激”的指令后，会立刻产生胃肠蠕动、消化液分泌的变化。

“腹脑”与我们的大脑一样，一旦出现问题，会让你无法正常生活，因此在肠胃不高兴时，给它 3 味安慰剂，让它正常运转。

（1）快捷剂型：一杯热饮

柚子茶、朱古力、咖啡……什么热饮都可以。当热力进入体内，四肢百骸被抚慰一遍，肠胃中的“委屈”降到了最低点，你会感觉承受的负面情绪压力小了，胃也舒服多了。

（2）营养剂型：一份甜点

甜味是我们最初的、本能的味觉，吃甜食时，身体会感觉受到鼓励和夸奖。所以，当你累了或情绪低落时，尤其忙得无法好好吃顿正餐或没有胃口时，不妨用一份甜点来安慰自己。

（3）甜蜜剂型：和他在一起

有最亲密的人陪在身边，你可以把今天遇到的“不高兴”全说出来，或者不用说，两个人一起做点什么，烦躁的情绪也会消减很多。

十、当发誓成为一种习惯，你的自制力将面临瓦解

我的同事赵佳在我们办公室是众所周知的小迷糊，总是说话不算数，每次让她办事都办不好。大家生气时，她就会请求再给她一次机会，甚至发誓跟大家说这次一定办好。可是吃了一次亏的同事谁也不敢相信她的话了。

“王姐，你放心，我保证明天给你一份满意的问卷。我发誓，如果完不成，我就吃不香、睡不安稳……”赵佳又开始跟上司下保证书。

在生活中，我们无时无刻不在面对诱惑，在抵制诱惑时，最强有力的能量来自心灵深处，强有力的自制力是我们抵抗诱惑的力量源泉。而有些人认为发誓是一种积蓄自制力的有效方式。可以保障我们不迷失自我，不失去自己的努力方向，护送我们达到成功的彼岸。

殊不知当你依靠发誓来控制自己时，你的自制力将面临瓦解，这是你缺乏自制力的一种表现。

所以千万不要盲目地认为发誓可以帮助你找回失去的控制力，习惯性发誓只会成为你的一种习惯而不是自控的方式。

什么是习惯？可以是你最好的帮手，但是也可能成为你的负担；可以推着你前进，也可以拖累你直至失败。无论我们是否愿意，习惯总是无孔不入，渗透在我们生活的方方面面。

习惯对一个人的影响是经年累月的，对你的生活态度、思维方式和行为模式都会产生很大的影响。你的成功和失败都会归结于它的影响。

但是，我们还是要庆幸意志力远比习惯的力量更加强大，因此你能改变习惯。试着将你的双臂环抱胸前，看看哪只手臂在上面，然后试着反方向环抱一次，现在可能你会感觉怪怪的，如果连续一个月这样的抱臂方式，你就不会觉得奇怪，因为你已经养成了新的习惯。

习惯对于人类来说就是一种程序，你有意识地对程序进行调整的力量就是自控力。如果自控力能够很好地调整习惯，就能使这个程序得以非常好的优化，形成一套非常好的心智模式，指引你走向一条与众不同的道路。

十一、努力反向效应，意志和期待的冲突

我的朋友张岩是一位有着非常严重拖延症状的患者，她平时总是刻意地想要改变拖延的习惯。甚至让我们监督她，按时完成她应该完成的工作量。可是每次都是事与愿违，她每次都会给自己找到很好的借口来逃避工作。等到不得不面临被领导批评时，就又开始后悔没有听我们的劝告。

等到后悔自责时，她就会说："我是真的想改，并且努力让自己积极一点，可是越努力越觉得这个工作我根本完不成……"

每当我们的意志力与心理暗示发生冲突时，往往是心理暗示获胜。张岩的拖延也正是因为这个原因。当你面对冲突时，不但不可以达成意愿，而且结果往往是与你的心理暗示相违背，你越想得到越得不到想要的结果。意志力越强，结果却是越糟糕。下面可以通过生活中的一些例子让你加深理解。

失眠是每个人都会经历的。当你失眠时，如果你不是刻意逼迫自己睡觉，只是静静地躺在床上，一动不动，也许很快就会睡着；相反，如果你非常想睡，于是努力告诉自己必须在几点之前睡着，结果会怎样？你越是这样想，大脑就会越兴奋，想要的结果就越达不到。

心理暗示主导着人类，但是这并不是你的意志力或意愿。现在我们要明白一个事实，是我们身上都有两层自我：第一层是显意识，是我们可以感知并用意识控制的自我；第二层是潜意识，它是与心理暗示相通。但是我们往往都会忽视第二个自我，于是就犯了错误，因为正是第二个自我完全操纵着我们。

当我们正在被第二个自我操控时，如果两个层面的自我发生冲突往往是第二个层面的自我获胜，所以，我们想要操控自己首先要学会如何操控“它”。

现在就用戒烟的例子来说明什么叫努力反向效应：越努力就越达不到目的。当你在试图戒烟时，“戒烟”的“意愿”与“烟”的“心理暗示”发生冲突，通常的结果是：越想戒烟，你就会抽得越多。

所以，请不要轻易用“没毅力”、“意志力不强”等字眼来批评某些人！

让会骑自行车的人回忆一下自己初学时的经历。你紧紧抓着车把，一路慢行，就怕摔倒。突然，你看到路中间有个小障碍，你不想撞上它。你越想避开它，就越有可能撞上它。

这也是为什么人很容易变成他讨厌的人的原因——意志和心理暗示之间的拔河赛必然以意志的失败告终。比如，有些男孩讨厌自己的父亲，结果却和他父亲越来越像。

又如，一个高尔夫球手觉得自己会失败，于是他就真的失败了，这是为什么？潜意识通过它自己的方式来实现它的期待。

对一个预期自己会失败的高尔夫球手来说，决定他成败的不是意志、不是渴望，而是身体的每个细节，每块肌肉的运转，身体的调节，而身体的每个细节，每块肌肉的运转和每个身体调节都是由潜意识来完成的，他根本就控制不了。而如果他的潜意识认同成功的概念，于是它便立即调动所有能调动的肌肉、神经，来完成自己的预期。

我们可以看一看隐藏在“运气”后面的真理。我们从小就知道：“运气只光顾有准备的人”，这是对的，绝对不是迷信。有些人很邪恶，但是很幸运，做生意从不失手；他们的手伸向哪里，哪里就变成黄金。

这是为什么？仅仅因为他们信心十足地期待着自己的成功。

有一些很想戒酒的酗酒者，但是他们做不到。如果你问他们，他们会非常诚恳地跟你说：他们不想喝，他们也很讨厌自己，他们知道酗酒对身体有很多害处，但是他们总是不受理智的约束，仿佛被什么东西逼迫着不得不喝。

这种解释其实不是借口，而是事实。他们被迫做出那些行为，因为理智不能把他们从心理暗示中解救出来。

我还遇到过一些患者，他们可以预测自己将在具体的一天、具体的环境中头疼，然后，在那一天，在那种环境中，就真的头疼。这头疼是他们自己带来的（通过自我暗示），而很多患者通过自我暗示，治愈了自己的病痛。

重要的一点是：自我暗示时，千万不要动用意志，也就是千万不要强求；因为动用意志就是做作，就是功利心，与心理暗示南辕北辙，背道而驰。如果一个人想：“我将使某事发生”，心理暗示就会回答：“因为你意志的参与，因为你想，所以它不会成为现实”。这样，不但无法获得心想之物，反而会获得相反的结果。

十二、你所渴望的就是幸福——大脑的弥天大谎

我们可能都会有这样的感觉，当你特别想得到一件东西时就会变得异常兴奋。仿佛整个世界都会因为这件事而灿烂。

比如，我跟朋友都想去滑雪，我们策划了很久，终于找到一个既有时间又有钱的好时机。于是前一天晚上，我们都在为第二天的滑雪兴奋不已，甚至幻想着滑雪遇到的趣事。

第二天，我们历经转车、倒车终于到了滑雪场。可是当时的兴奋已经所剩无几，而且经历了几次被摔后，之前的兴奋已经全部散去，剩下的只有悔恨：当初怎么就那么想来滑雪呢？这个决定真是糟糕透了，还不如在家睡一天呢！

对很多人来说，这个发现会让他们对原来这个渴望产生不满，甚至对这个渴望所带来的幸福感产生怀疑。通过观察，我们会发现自己最常关注的东西，甚至会变成折磨自己的东西。我们以为，这种渴望可以让我们觉得快乐，但其实并非如此。

伊索寓言中《狐狸与葡萄》的故事，讲述的是那只狐狸特别渴望吃到藤上熟透的葡萄，它跳起来，没有够到，再跳起来，再跳起来……还是没有得到葡萄。狐狸试了又试，都没有成功。最后，它决定放弃，边走边说："我敢肯定它是酸的。"

这只狐狸在意识中已经接受了自己其实并不是非常想要吃到这些葡萄的心理，于是它"心安理得"地离开了。这就是著名的心理防御机制"酸葡萄心理"的来源。

根据现代心理学的研究，如果狐狸继续尝试下去，并且最终得到了它所渴望的葡萄，它也可能会觉得葡萄不好吃。也就是说，人们也许会渴望自己并不喜欢的东西。

为什么人会渴望自己其实并不喜欢的东西呢？

一般来说，渴望和喜欢是紧密联系在一起的——我们渴望自己喜欢的东西，同时我们也喜欢自己渴望的东西。但是，来自密西根大学的心理学家坎特•布瑞吉及其同事的研究却发现，人类的"渴望"和"喜欢"

可能是由两种不同的神经反应通道和不同的大脑加工区域来完成的。

他们是如何发现这一研究成果的呢？心理学家通常在研究动物和人类的渴望程度时，通过运动来测量。比如，一只老鼠渴望得到食品，那么它行动的速度、频率和次数都能反映出它渴望的程度。

如何测量喜欢程度呢？通过人类和动物的情绪行为表现，尤其是面部表情，来定量和测量人类和动物的情绪反应。

比如，如果一只猴子或老鼠喜欢一个食品，就会表现出一个愉快的表情，更为明显的是表现出一些相应的动作，比如舔嘴唇。

人类在这一点上也是类似的。当我们想吃一样东西时，不仅会吃它，还会吃得很多；而且我们也会有舔嘴唇的表现，使别人能看出我们对这些食品有偏爱。

通过这些测试，坎特发现人类的“喜欢”和“渴望”确实是由大脑的不同神经通道来完成的。

另外，他们还发现控制人类“渴望”的区域是与“喜欢”区域相连的神经区域，同样存在于大脑皮层下部，但是相对于“喜欢”区域它们分布得更为广泛，并且是受不同的神经化学激素所刺激。大部分影响“渴望”的神经化学激素主要是由多巴胺产生。

很多对药品上瘾的人，他们的兴奋反射区域主要是在“渴望”区域里。所以，尽管他们非常渴望这种东西，但是他们的内心不一定是真正“喜欢”这些药品。就好像很多人拼命地追求官位、权力、财富，但在自己内心也许并不一定非常喜欢这些东西。

最近的一个心理学研究还发现，如果我们所渴望的东西越是难以得到时，我们内心对它的欲望会变得愈演愈烈。但是当我们真正获得了自

己渴望的东西后，我们的喜爱之心也许就此消失。这也是人类心理一个很微妙的地方。可能是因为对它有太多的渴望，以至于消耗了我们过多的心理能量，所以当我们终于获得所渴望的东西时，已经变得有点讨厌它了。

但是现在我们明白了，心理学有关渴望和喜欢的研究，明确地告诉我们："喜欢"和"渴望"是由两种不同的神经系统来完成。

"喜欢"与幸福和快乐的感受相关，而"渴望"则不一定会带来幸福和快乐的体验。这也是为什么我们不会特别喜欢自己所渴望的东西，或者对喜欢的东西并不是那么渴望的原因。

在日常的生活中，我们渴望得到的也许是美事，也许是前途，但当我们所渴望的这些真的得到时，也许会发现它们并不是那么华丽和让我们感到快乐、满足、幸福。

而真正让我们喜欢的，反而是那些朴素无华但真实长久的事物，比如亲情、友谊、工作、学习、运动、艺术等，所以，千万不要被我们的渴望所欺骗。

第四章

CHAPTER 04

别让失控害了你——心理有效掌控术

人的性情大致可以分为两大类型：理智型和感情用事型。理智型的人往往情商很高，在所有事情面前都可以做到冷静沉着，三思而后行，他们能够控制好自己的情绪。

而感情用事型的人则情商较低，一旦面对外界的影响，他们往往随性而为，不计后果。如何在生活中掌控好自己的情绪，对每一个人来说是非常重要的，这决定着他们是否能拥有一个美满的家庭生活。

一、爱吃者的纠结：身体和大脑的对抗

自从《舌尖上的中国》播出以后，成为“爱吃者”已经在中国人的语境中毫无贬义之意，爱吃者终于迎来了自己的春天。原来人们评价某个人是“爱吃者”，暗含的意思是“干啥啥不行，吃啥啥没够”的好吃懒做之意。

然而现在“爱吃者”已经成了一张熠熠闪光的通行证，它让微博、微信、朋友圈各路晒美食者晒得理直气壮，让各种美食杂志、书籍、节目、游戏、APP层出不穷，让社会文化潮流观察者频频感叹：“我是爱吃者我怕谁”的时代来了。然而爱吃者们也有着各自的纠结心理。

我的闺蜜张婷是个典型的爱吃者，每次出去旅游，到了一个城市，她首先要做的事就是把当地的美食以及地图攻略准备好。然后第二天就开始寻找美食，每次她都要吃得心满意足才会离开。

每次吃完以后她还要称一下体重，这种狂吃总会让她的体重飙升，美食过后剩下的就是她的抱怨：“又长胖了，怎么办啊！本来想少吃点，但是一看到美食就停不下来，又得加大运动量了，下次一定要控制点。”但是下次她依然会陷入享受美食和事后自责的循环中。

“减肥”这个词是目前网上点击量最高的，可以想到在生活中减肥对人们的重要性。但是“减肥”对吃货来说，似乎就是天方夜谭，然而他们在享受美食的同时想拥有一个火辣身材的需求也是非常强烈的。

比如张婷，每次在面对美食时，就会把自己制订的减肥计划抛之脑后。那么爱吃者们到底应该如何减肥呢？很多人都对此毫无头绪，接下来将为一些意志力薄弱的爱吃者们提供几个减肥的心理小知识。

（1）在进食时间歇 10 分钟

为了避免吃得太饱，在吃东西时不要一口气将所有的食物都吃进肚子，可以吃一会儿休息 10 分钟，去做一些别的事情。因为人的大脑至少需要 10 分钟才能获得你已经吃饱的信号。

（2）享受你的饮食

不必为了减肥而不能吃那些高热量的食物而苦恼。尝试把你正在吃的食物想象成你最喜欢吃的食物，然后吃光它们。

（3）不用少吃

很多减肥者都认为，吃得多就会长肉。然而最重要的不是你吃了多少，而是你吃了什么。比如，你下午的时候嘴馋吃了一块蛋糕，那么不妨晚上吃一大碟新鲜蔬菜、水果来抵消。

（4）尽量不吃甜酸的食物

如果你想减肥，那么在吃饭时最好避免点甜酸味或是混合各种味道的菜肴。因为如果菜肴的香味种类太多，就会使你的味觉中心发生紊乱，并使你吃得更多。

（5）吃东西也得找对节奏

注意观察自己的饮食习惯，平时是零食吃得少正餐吃得多，还是零食吃得多正餐吃得少。注意别将两者混合起来，因为饮食的节奏十分重要。始终不变的饮食习惯，定时进食，能促进消化，加速新陈代谢，从而促进体重降低。

（6）笑掉脂肪

笑就好像是一次体内慢跑，横膈膜跳跃，氧气快速地进入细胞，心跳增快，幸福激素内啡肽奔流全身，你的应激反应水平甚至血压也随之下降。如果你开怀大笑，你身上的 80 块肌肉，特别是腹部、肩部和骨盆部位的肌肉都会一齐运动起来。研究证明，经常笑逐颜开的乐天派们减肥较易成功。

二、为了 100 元钱去跟别人打官司

我的朋友王强有一次开车带女朋友外出就餐，他们用完餐出来以后，发现车上被贴了一张违章告知单，并且车轱辘被上了锁。经过多方查找，王强找来了城管执法人员询问为什么锁车，回答是违章停车。

王强据理力争："这里不是人行道，而且没有禁止停车的标志。"

"应该有标志，已向上级反映。你必须当场交 100 元罚款，车才能开走。"城管执法人员的态度很坚决。

王强无奈，只好交了 100 元罚款（开有罚款收据），心里感到很憋气。

后来王强从书店买了几本法律书籍，学起了法律，起草了行政诉状。想告城管局。

但是两次都被判决败诉，我们问他："为了 100 元的罚款，官司花了 1 000 多元，值得吗？"

王强仍然坚信不疑，觉得为了讨一个公道再花多少钱也愿意。

不妨想象这样的一个情景：你在某个视频网站看一个免费电影，前 10 分钟看完了，你觉得这个电影非常无聊。那么你会选择继续看下去

吗？如果继续你会看多久？

现在把这个情节做一些改动：你花了 10 元钱在一个视频网站上看一个电影，也是 10 分钟以后，你发觉这个电影非常无聊，你还会继续看吗？

大量的研究发现，第二种看得时间更长，因为前面花了钱，如果不看的话就会觉得自己吃亏了，但是同样你也在这个无聊的电影上花费了太多的时间。就像王强虽然只是为了 100 元钱，但是为了维护自己的权益，甚至不惜花费 1 000 元去打官司。

实际上，如果理性地想想就会意识到，不论如何，付出的钱已是“覆水难收”，既定事实难以更改，与其继续忍受，不如放弃另寻有趣的事情。然而人们却像面对“鸡肋”一样难以割舍，让自己耗费更多的时间和精力。

这种已经交付出去的、无可挽回的投入称作“沉没成本”，沉没成本可以是金钱，也可以是时间、精力和感情的投入。它会影响和左右人们后续的行为和决定，使人们做出不理性的决策，这种现象称作“沉没成本效应”。

现实生活中的沉没成本效应比比皆是。比如在感情方面，有些人对自己现在的男（女）朋友不太满意，两个人的感情有一些明显的问题或者矛盾，当事人也在犹豫，是继续维系关系，还是分手呢？如果难以决断的话，脑海中往往会冒出这样的想法：我已经和他（她）相处这么久、投入这么多了，是不是应该继续下去，等待一个结果呢？

又如在竞标项目报价或者拍卖报价中，常常会出现这样的现象，起价很低的热门项目或拍卖物品，导致人们竞相报价，甚至杀红了眼，最终以高出实际价值数倍的报价成交。

事后清醒过来的中标者暗自后悔，叫苦不迭，不得不为自己头脑发热的行为埋单，而追涨未果的众人则暗自庆幸。这其中不排除竞争气氛的影响，但当时大家也许会想，我一路竞标，投入了这么多，最终不中标可就太亏了。

再如，一家企业先期投入了大量资金，想要建立一家能源工厂。但基建已经完成，才发觉选址根本不适合，如果想盈利的话，最好另选他处建厂。在这种情况下，有些管理者会因为考虑到先前已经投入的资金，想着这些钱不能打水漂，于是又追加了投入。

同样的道理，考虑分手的情侣可能会转念一想，我们的关系并没有想象的那么差，他（她）其实也挺好；中标的人可能努力说服自己，赢得的战利品还是物有所值的；而企业可能忽略潜在的风险，认为被怀疑的问题不过是小题大做，进而继续投入。人们宁愿改变想法，也不愿意改变行为，在沉没成本的基础上继续追加投入。这到底是怎么回事呢？

心理学家们为沉没成本效应提供了一个解释。原来，与获得和已经拥有的东西相比，人们更在意的是损失。这一原理也很符合人们的常识感受，我们常看到人们因吃不到的“葡萄”耿耿于怀，一再强调葡萄有多酸，但吃到葡萄的人又有几个到处嚷嚷葡萄甜的呢？可见，人们对失去机会和损失的感受更加强烈。

既然过多关注沉没成本会将我们引入歧途，那么如何来修复这个心理机制，避免不良影响呢？

我们应当把视线从沉没成本上移开，变换视角考虑此时此地的处境，并以自己为出发点。

如果在维持关系还是分手的问题上犹豫不决，你可以问自己：抛却和这个人做了多年男女朋友的事实，一切从零开始抉择，你是否还想和这个人在一起？他（她）身上有哪些你喜欢和欣赏的特点或品质，又有哪些行为是你不能接受的？这个人是否适合你？抛开沉没成本不考虑，事情是否会变得明朗一些呢？

不过话说回来，沉没成本效应可以避免，沉没成本往往不可避免，付出一些代价，才能提高自己的判断力。不被沉没成本效应左右，积极调整、主动适应变化，反思失败的教训，方是解决之道。

三、用一盏台灯把老公换了

我的朋友安心与老公结婚已经8年了，这期间吵吵闹闹是经常事。不过没有出现大的情感危机，可是最近他们却因为一件小事闹到离婚的地步。

原来她老公买了一盏台灯，刚买回来就不能正常使用，去找商家理论，商家却百般推脱，说是人为损坏不想承担责任。于是夫妻俩就因为这件小事开始争吵，安心批评老公："你真是没用，这点小事都办不好。"老公也不甘示弱说："有本事你去换啊！"

这件小事把夫妻间以前的那些小矛盾一件件激发了出来。安心抱怨老公自从结婚以后就特别懒惰，不干家务，不送孩子上学，让安心每天都过得特别累。老公也抱怨说："你每天在我耳边唠叨，都快烦死了，而且结婚以后不注重自己的仪表，现在已经对你审美疲劳了。"这句话一出口，安心就跟老公提出了离婚，结果两人都说这样的日子过烦了，就去离了婚。

离婚没多久，安心在朋友的介绍下再婚。可是婚后的安心也过得不是特别如意，她说："当初真是太冲动了，过日子总是会有各种各样的小事，现在虽然换了一个老公也一样会面对琐事的争吵，当初如果理智一点也不至于离婚。"现在的安心学会了凡事忍让三分。

其实夫妻吵架是生活中常见的小事，吵吵闹闹才是生活。但是频繁的吵架也会伤害夫妻之间的感情。并且在吵架时要学会给对方留一个台阶，不要在大庭广众之下进行争论。

有些夫妻，三天五天吵一回，夫妻关系依然稳固；有些人吵一次架，就可能离婚。这充分说明吵架也是门艺术。

不同年龄段，夫妻吵架的原因也不同。刚结婚不久的夫妻，需要接

受对方及其家庭不同的生活方式、行为模式等，肯定会有摩擦；有了孩子以后，如何教育和培养，双方会产生分歧；人到中年，唠叨、家庭琐事等都能成为导火线。尽管吵架时夫妻非常冲动，口无遮拦，但以下几点必须要避免。

一忌吵架时离家出走。“甩门而出”是很多人吵完架的“招牌”动作，尤其是结婚不久的新人们。女的回娘家、男的出去喝酒等“出走”行为，都不利于解决问题。

二忌总说“离婚”。这是中年夫妻最忌讳的问题。中年人上有老、下有小，生活压力大，外面诱惑也多，一吵架就说离婚，很可能让对方产生负面影响，觉得谁离开谁都能活，干脆离了算了。

三忌打击。吵架的人总爱揭短。但“你这人一点本事都没有”、“当初要不是我娘家出钱买房子”等话语，应该少说。揭伤疤是非常伤夫妻感情的事。值得一提的是，不少人还易迁怒对方父母及家人，连着他们一起骂，这会“火上浇油”，引起对方不满，越吵越凶。

四忌没完没了。有些人吵架时，恨不得把所有的问题都吵个遍，“你上次怎样怎样”常挂在嘴边，这极易把“芝麻”吵成“西瓜”，小事吵成大事，最后难以收场。

五忌不顾孩子。孩子未满 16 岁以前，应尽量避免当着他的面吵。孩子对问题的认识和大人是不一样的，频繁而激烈的争吵很可能给他们造成心理创伤，甚至心理疾病。

实际上，对有些夫妻来说，吵架也是一个很有意思的沟通方式。当双方在日常生活中，通过正常沟通难以解决问题时，吵架往往可以成为了解对方真实想法的一个途径。但不管吵架时双方说话有多难听，吵得有多凶，吵过后一定要再沟通，真正化解双方心里的疙瘩，这也正是不少“吵架夫妻”越吵感情越好的重要原因之一。

为了避免严重后果，激烈争吵时要克制自己，暂时离开“现场”，比如去厨房洗碗、收拾屋子，给彼此一个冷静的机会。

吵完之后，开个玩笑、送个小礼物、邀请对方看场电影等都是化解之道。对频繁吵架的夫妻来说，订立一个《吵架合约》有一定的约束作用，但要坚持“平等”的原则，否则就成为一方约束另一方的依据，会适得其反。若平时不怎么吵，吵起来也能较快和解，定协议反而会带来不必要的限制。

四、眼睛为何总是追逐着大街上的美女

我的闺蜜孙瑶总是抱怨自己的男友：“他每次跟我走在一起，只要路边有个漂亮姑娘走过去，他就会不由自主地盯着看，每次都恨得我掐他。怪不得人们常说男人一见美女就迈不动步子。

其实很多女孩子都有类似的经验，也常常因此愤愤不平。

根据心理实验研究表明，美女形象能刺激男性的大脑快乐中枢，让他们兴奋起来，然而相貌平平的女性就无法做到这一点。其实，女性美的标准是经过漫长的人类进化史形成的，多数与生育力息息相关。

一提到男人爱美女这个话题，一般人都会很鄙夷地哼一声。然后将这个问题抛诸脑后。科学家却在一直探索这个问题，这中间有什么隐藏的秘密呢？

想知道这个问题的答案，必须先清楚，男人是靠什么标准评价一个人是美女的？这些标准又是怎样形成的？科学家们利用计算机技术给大量男性进行了一项实验，用软件不停地修正电脑屏幕上的女性面孔，直到满足他们心中的“美女”标准为止。

对这些女性面孔进行分析后，科学家发现，被绝大多数男性认可为“美女”的女性面孔至少要满足这几个条件：眼睛大、下巴瘦、嘴唇丰满、脸庞对称、皮肤光洁。

科学家接着用电脑分别组合了不同年龄段女性的面孔，发现“眼睛大、下巴瘦、嘴唇丰满”都是判断一个女性年轻程度的重要线索。换言之，男性大脑普遍青睐年轻女人，其中，由 14~20 岁的女性面孔组合而成的“大众脸”被认为最美。

研究发现，寄生虫、疾病和生活压力都可能造成一个人的脸庞不对称，同样，各种感染也是造成皮肤疾患的重要原因。对称的脸庞和光洁的皮肤意味着一个女性感染较少、患疾病的可能性较小，而这些都是生育后代的有利条件。

这一心理机制成了原始的心理本能。因此，与其说美貌激活了男性的大脑快乐中枢，还不如说生育力更强的女性在激活。一看到这样的女性出现。男性大脑就开始蠢蠢欲动，“基因弟兄们，复制的机会来了，赶快行动！”

同样，当男人知道“爱美女”是一种原始心理倾向后，在遭遇美女诱惑，大脑兴奋点急剧提高之时，他就能多一分清醒的力量，从而更好地控制自己的行为。原始心理本能就好像一个魔咒，当你不知道它的时候，它会在无意识处控制你，而一旦你把它暴露在阳光下。对女性来说，知道男人天生爱美女的深层次原因之后，以后伴侣再在街上忍不住看美女时，就不必如临大敌，有时，女性适当的宽容和理解，再加点幽默风趣的话语，是缓解男性内心原始动力的不二法门。

五、科技性失控，一旦离开手机就焦虑烦躁

我的朋友石慧是一家文化公司的企宣，由于她的工作性质与外界的联系非常频繁，手机就成了她形影不离的好“帮手”，使用手机的频率也远远高于他人。后来因为工作业绩突出，石慧被提升至管理岗位从事行政工作。

随着石慧的工作性质转变，使得接入电话骤然减少，一向对工作热情很高的石慧开始感到十分焦虑，郁郁寡欢，情绪低落，经常会不自觉地掏出手机来看是否有未接来电，还经常把别人的电话铃声当成是自己的手机在响，甚至连脾气也变得暴躁起来，经常莫名其妙地发火。

其实石慧的表现属于科技性失控，由于科技给人类的生活带来了便捷，于是人们就开始过度地依赖电子产品，从而忽视了人际关系的交往，最主要的表现是随时随地都在玩弄手机，一旦离开手机就焦虑烦躁。简单地说，一旦过于依赖一种科技产品会导致其作用背道而驰。

手机一旦没带在身边就会惶恐不安，没有办法投入工作；一段时间手机铃声不响，就会下意识地看一下铃声设置是否正确；经常把别人的手机铃声当成自己的手机在响，脾气变得暴躁。对周围的事情漠不关心，任何场合都全神贯注于玩弄手机，表现心不在焉。

科技性失控就是指因为科技的发展，从而导致人际关系冷漠的现象。手机科技日新月异的变化，使手机越来越轻便，越来越普及，越来越智能化，但同时，却导致一些人陷入过度依赖手机的困境：聚会聊天

时玩手机，公司开会时玩手机，搭乘地铁时玩手机，走路时玩手机，甚至好不容易出游欣赏风景时还不忘拿手机玩微博直播。

科技性失控已经成为人们的一种生活困境，很多人的情感方式、日常生活都因此发生了改变。

夫妻之间因为手机游戏缺乏交流导致矛盾重重；家庭成员因为过分依赖手机而失和；公司员工因玩手机而工作效率低下；孩子痴迷手机让家长的教育失效。

其实科技性失控并不是病症，而只是长久养成的一种习惯，想要改变可以通过朋友、家庭成员间善意的提醒，并且个人也要通过学习牢记一些常用的手机使用礼仪，那么，手机不仅会成为工作和生活上的“助手”，更能成为展示个人魅力、提升社会文明的“使者”。

越来越多的人离不开手机，并沉迷其中。这与手机原本是为了让沟通更便利的意图相违背，因为它让人们的生活越来越孤独，那么手机依赖症的诱因是什么呢？

（1）生活压力过大

职场白领们每天的工作都会面临很大的压力，人际交往频繁，要求信息的沟通更新更加快捷，因此手机不知不觉就成为人们的生活重心，无形之中手机在人们的心里占据了相当重要的地位，如果手机没电或来电频率突然降低就会出现情绪波动，如焦虑、烦躁、抑郁等症状。

（2）性格内向

在生活中一些缺乏自信、性格内向的人是感染“手机依赖症”的高发人群。由于这些人的交际圈子小，朋友比较少，想要跟外界联系，但是又不积极主动，所以只能依靠手机来证明自己的存在感。另外有的人是想通过频繁的通话来证明自己的工作努力，表示自己在社会上的重要性，从而满足自己的虚荣心。

“手机依赖症”是随着现代人生活方式的改变而出现的现代心理病症，只要能够正视它，通过一些方式去调整自己的生活就可避免或者缓解这种症状。那么如何才能防止对手机过度依赖，并且避免自己被手机“孤立”呢？不妨尝试下面几种方法。

（1）把手机装在包里

如果把手机拿在手上，那么你的注意力就会一直被手机吸引，一旦离开，就会产生较为严重的“分离焦虑”。不妨放在包里，把铃声调响一点，既可以避免漏接电话，也可以减轻对手机的依赖。

（2）与人注重面对面交流

在生活中注意培养自己的交流技巧，多跟现实中的人去接触，如此有助于增加亲密感。给自己每天留出一定的时间和家人交流，并且在这个规定的时间内，除了一些必需的电话，不可以玩手机。

（3）多读书看报和运动

多与现实生活中的人交谈，平时多看书、读报，依靠自我约束减少对手机的使用次数，逐渐将生活的重心从手机转移到其他方面。另外，如果客观条件允许，可以多参加一些有益身心的活动，比如，郊游、听音乐、外出散步、健身等。假如你的手机依赖症真的非常严重，就要去看心理医生，以免影响正常的生活和工作。

六、吵架时候，“脏”话为何张口就来

八哥会说话其实并不稀奇，但是八哥能够帮助主人改掉坏毛病还真是少见，不仅如此，神奇的八哥还成为主人和老伴之间的感情桥梁，化解了不少夫妻间的矛盾。

我的邻居张叔，养了一只非常可爱的八哥。每次和邻居们说到自己

养的这只八哥，张叔都很自豪，因为在张叔看来，这只八哥不仅聪明伶俐，更是他和老伴的润滑剂。“我这个人脾气急，遇事容易发脾气，经常和老伴拌嘴。我一着急就控制不住说脏话，为此老伴十分恼火。”张叔说。

后来，在这只八哥的“掺和”下，张叔多年说脏话的毛病竟改掉了。原来，张叔每次晚上和老伴拌嘴说脏话时，都被聪明的八哥记住了，第二天一早，张叔和老伴吵架的事都过去了，八哥才开始一句句重复头天晚上张叔说的脏话。

这让张叔很惭愧，“自己说的时候没有感觉，可第二天听八哥一重复，真是难听。就这样，我开始努力克制自己，最终竟完全改掉了这个坏毛病。对此，老伴也高兴得不得了，觉得八哥真是帮了她一个大忙。而且，在老伴看来，八哥就是我们老两口之间的感情润滑剂。”张叔说。

说脏话不仅是一种独特而普遍的社会现象，同时也是一种心理现象，它反映不同文化背景下的个体的不同心理特征。说脏话的积极作用在于宣泄情绪、促进群体认同、折射心理状态，但不利于和谐社会精神文明建设。

那么，脏话到底是怎样“生产”出来的呢？在每个人的大脑里都有一个“脏话制造机”，其构造的核心是“边缘系统”。大脑可以分为左半球和右半球，一般说来，左半球负责语言加工和处理，右半球负责情绪功能。

语言加工是大脑的“高级”功能，它是在大脑皮层中进行的。情绪和本能被认为是大脑的“低级”功能，它是在大脑的深处进行加工的。尽管脏话也是一种语言，但是许多研究都表明，人类加工脏话不是在“高级”的大脑皮层，而是在“低级”的功能区，和情绪与本能在一起。

科学家们的解释是，一般的语言是由一系列的音素和语音组成的，所以通常在左半球加工。而脏话是作为一个整体储存，因此它不需要左半球的帮助就可以加工。脏话主要涉及边缘系统，边缘系统主要是存储记忆、情绪和本能行为。对于灵长类动物，它们的边缘系统是负责发音。从上面大脑功能结构的分析看出，脏话更像是一种有着情绪成分的活动和动作。

在幼儿时期，哭叫是一种可以接受的表达情感、释放压力和焦虑的方式。随着儿童的成长，社会的文化并不鼓励他们哭喊，特别是在公共场合。但是，人们依然需要有发泄强烈感情的出口，因此，说脏话不失时机地出现了。

说脏话有助于释放压力，发泄脾气，和孩子的啼哭差不多。说脏话可以更痛快地宣泄感情，将内心的负面能量畅快地抒发出来。

在文明的过程中，似乎只有克制和优雅的人才值得信任，而人的本能一层层地被压抑住，这其中包括弗洛伊德所强调的攻击本能。从这个角度去理解，我们就容易明白——说脏话是在满足那些被压抑了的攻击愿望。

在我们所能采用的宣泄途径中，说脏话无疑是最容易实现，起作用最快速、最直接的选择。科学认为说脏话的好处在于：“你可以在象征层面上使用暴力，这样既达到了目的，又避免了伤害人的身体。”

七、初恋为何总是让人念念不忘

初恋总是难忘的，大多数人也都认可。我朋友的表姐张娟就败给了男友的初恋。张娟当时与男友在一起已经三年，就要谈婚论嫁了。可是一次偶然的机会张娟的男友遇到自己曾经暗恋的对象，当初他们也有过一段似有似无的纯洁爱情，只是最后无疾而终。

张娟的男友得知初恋现在还是单身就萌发了想要跟她重归于好的念头。在经过深思熟虑后，他选择了当初自己求而不得的那份爱情。

可是他与初恋在一起后却没有找到那种失而复得的情感，反而因为一些寻常小事经常发生争吵。最后他与初恋分手了，选择了另一个人结婚，因为他没有勇气回去找张娟，那么为什么人们总是会对当初没有走到最后的初恋念念不忘呢？

其实人总是越得不到的东西越想去追求，一旦得到就会发现并不如当初自己想得那么美好。真实的感觉远不如没有得到时带给自己的愉悦感强烈。可是毕竟那是自己一生中的第一份情感，所以总是让人难以忘怀。

初恋是人的爱情萌发的最初部分。一般会发生在初中或者高中，是处于青年期的学生情感萌动的年代，也是恋爱的最初阶段，这个时候他们会对爱情产生初步的认识。

恋爱也是一项人生的必修课。当你每次从不经意的角度去望他（她），有意无意之间和他（她）说话，一旦他（她）离开又想找回他（她），这样的感觉就是你喜欢上他（她）了，当两个人同时拥有这样的感觉，并且走到一起，这应该就叫恋爱吧！第一次走在一起叫初恋。初恋正因为纯真，所以许多时候恋爱的双方都不懂得控制，往往会身陷里面出不来！

可是初恋往往会受到很大的阻力，因为那个年纪，家长和老师都会害怕耽误孩子的学习，于是想方设法阻止两人的爱情。越是不被支持的爱情，会由于处于青年期的反叛心理，在他们彼此心里愈演愈烈。

初恋正是因为纯真、年轻，所以两颗未经世俗污染的心在一起，感觉才是那样的纯，那样的真。怀念初恋，正是怀念那种萌动的，那种爱的最初体验。恋爱最初的时候，也许是美好的。

（1）奇妙的距离体验

在告别了天真无邪的时代以后，人们便会进入青春期。而青春期最显著的特征就是性意识的萌动以及对异性产生神秘、向往和爱慕的心理。这个时间段内的男女会互生情愫，但是这种感情比较单纯、简单，处在一种在“盈盈一水间，脉脉不得语”的空灵境界，对他们来说，爱情还是有距离的“远方客人”。

这种带有神秘的距离感对进入青春期的男女来说，无疑是一种隐性的阻止。

这时，如果家人或者老师进行干涉，就更会容易激起他们的抗拒心理。而这种奇妙的距离体验，在以后的生活中却难以再次感受到。这是初恋难忘的第一个原因。

（2）遇到“梦中情人”

青年男女到了青春期，一般会为自己虚构一个“梦中情人”，创造一个抽象的理想对象，在头脑中形成一个择偶的“模型”。这个模型可能是很具体的，有时以一个真实的人为模特，有时把几个人拼凑在一起。并且，会按照这个“完美的异性模型”，在生活中寻觅、在人群中探索。

不知不觉，终于有一天，那个朝思暮想的时刻到来了，从茫茫人海中发现了一张似曾相识的面孔，你会情不自禁地惊叹：“好面熟啊！”眼前的她（他）同自己心目中的审美理想发生了奇妙的吻合。初恋便是异性爱由抽象的意识转变为现实的开始。

但初恋往往又是无果而终，记忆中的那个“人”，便成为一个他人永远无法取代的“人”，甚至变成了与他人比较的一个标准。而这个“人”并非是最初的那个真实的人，是被我们自己偶像化的一个标准。

（3）“契可尼效应”所导致的

当然，初恋难忘还有一个重要原因。这个就是心理学名词“契可尼效应”。西方心理学家契可尼做了许多有趣的试验，发现一般人对已完成的、已有结果的事情极易忘怀，而对中断的、未完成的、未达目标的事情却是记忆犹新。这种现象被称为“契可尼效应”。

这种心理现象可以举出许多例子。例如，你在数学考试中要答 100 道题，其中 99 道题都完成得很好，就是剩下的那一道题把你难住了，没完成，未得出答案。

下课铃响了，你交卷后走出考场，与同学们对答案，那 99 道题都有正确的结果，而那未完成的一题，同学告诉了你答案。从此以后，那道未完成的题被你深刻而长久地记住了，而那 99 道题却被你抛到九霄云外。

未获成果的初恋就是一种“未能完成的”事件。因而未果性是我们对初恋念念不忘的一个重要原因。

八、网购成瘾，你是其中之一吗

我的同事耿乐对网购成瘾的妻子抱怨不断：“这日子真的没法儿过了，每次看到家里有送快递的来，我心里就会升腾起怒火。这半年来，妻子喜欢上了网购，最多的时候，一天来 5 个快递员，一个月网购消费一万多元，这着实让我有些吃不消。”

他说：“以前只听说，网络游戏会上瘾，谁曾想这网购也像毒品一样让人上瘾。像我们抽烟一样，刚开始不以为然，不知不觉就上了瘾。我妻子一个月的收入只有 5000 多元，以前除了零用，每个月还会有些盈余，可是现在，不仅薪水花得干干净净，而且每个月信用卡还有透支。当初在网上买东西是为了省钱，可谁料到，最后却成为‘打着便宜的幌子，过奢侈的网购瘾’”。

由于长久以来怒火的累积，耿乐终于忍不住和妻子大吵一架。两个人谁也不服软，战火不断升级。耿乐提出 AA 制，妻子却说这话伤了她的心，搬回娘家。谁也想不到，备受大家追捧的网购，而今却成为耿乐婚姻中的“杀手”。

目前“网购成瘾者”已经越来越多，其实他们只是具有“成瘾”倾向，这时如果不采取措施可能就会导致严重的心理问题和行为障碍。

所以那些有“网购成瘾”倾向的人，在感到空虚寂寞时不妨多走出去，参加体育活动，或阅读心理调适书籍，或多与家人、朋友沟通，及时释放不良情绪，不要让网购影响到自己的家庭和生活。

由于网络购物的空间具有无限性、商品多样性和价格低廉的原因，因此吸引了越来越多的人参与。我的同事王潇也是网购一族，前天，她家里的电脑坏了，导致她两天没有逛成网络商城，这让她犹如失恋般失落，她决定明天请假去修电脑。

网购作为一种方便快捷的购物行为，备受人们的喜爱。现在越来越多的人把网购变成了个人癖好和满足心理需求的行为，沉溺于购物本身所带来的兴奋感和满足感而不能自拔，这就是网购成瘾的具体表现，它将影响着网购族的心理健康。那么网购成瘾症的表现都有哪些呢？

（1）网购瘾表现之一——买完后有一种满足感

网购瘾的共同表现是：买完东西后会很兴奋，有一种满足感。并喜欢与同事朋友分享好的网店。如果周围的人买到性价比特高或是受大家欢迎的好东西，其他人就会跟风去买。最后，这个商品就成为这些人人手一件的共同商品。

（2）网购瘾表现之二——一天不上就心里难受

据调查显示，73.6%的人认为“网购成瘾”的主要表现是“每天上网，会不由自主地浏览购物网站”（73.6%），其次是“时刻关注网上的打折信息”（60.1%），然后是“买了东西，就一直盼着快递赶紧送货”（51.9%）。

当我们发现自己或者周边的人网购成瘾却又无法摆脱时，应该如何帮助自己和他们呢？下面就让我们一起去认识几种常见又有效的方法去解决网购瘾。

（1）目标转向

心理学上分析“上瘾”，其实就是一种习惯。在生活中如果一个人处于经常性地接触一个事物时，便产生了习惯。比如白领族，有过几次下班时间便立即打开购物网站的经历后，这时一旦到了下班时间，整个人唯一的目标就会被这种习惯给吸引住，便忍不住去打开购物网站，从而就产生了上瘾。

要改变这个问题，唯一的方法就是用同样的方法去打开其他网站，而不是购物网站。但是我们所转向的目标网站不能与工作有关，要求具有娱乐性、放松性。因为本身已经有过这种习惯，所以如果我们把目标转向与工作有关的网站，我们会感到累，当我们累了就想放松，而这时候唯一能给我们放松的就是购物网站，所以转向的目标网站不能给自己施加压力。

（2）进行情感转移

我们每个人都有情感，生活在不同的环境，会感受到不同的情感。正如富人不知道辛苦来由穷人不知万元葡萄酒的意义。我们的情感不能同时拥有喜怒哀乐，所以我们在得到喜乐时就会忘记了怒哀。在每个月发工资的那一刹那，我们大把大把地把钱花掉，又何曾想起工作的心酸。

当一个人处于快乐状态时，如果没有相反的情感去干扰，那是不可能哭得出来的。所以我们应该有必要去看一些有关穷孩子的那些视频，多了解世界。我们才会发现，原来钱真的来之不易。

（3）放空减压

网购上瘾，也与工作压力密切相关。当一个人工作压力太大时，就会产生依赖性，而这种依赖性也将随着你的习惯而发展。正如目标转向中提到的，当一个人经常性地去做一件事时，往往第二次第三次就会被这种习惯强制去完成。

所以我们要减压，在生活中减压。去旅行、参加活动、或者锻炼身体，都是不错的选择。制定一个出行路线，放在手机桌面，或者办公桌面，时刻提醒自己，要把平时一个月所花费网购的钱拿去旅行。参加活动，召集同事一起聚会，搞活动，认真地放松一次，把平时的网购习惯给忘掉。锻炼身体，让平时久坐办公室的我们，血液循环增加，提高整个人的精神，帮助自己更加清醒，而去忘记沉迷。

（4）注销网银

没有任何方法比连买都买不了的实在，到银行把网银服务注销，让购物不再那么方便。即便看到喜欢的商品，自己没有网银也买不到。每次网购只能向别人借，如果每次网购都要请身边同事或朋友去垫付的话，那想成瘾都难。别人不可能让你一次性或一个月多次消费超过500～600元或上千元，也没有人会那么有工夫帮你一次次地处理这些付款。

九、A还是B，一个选择竟然让你陷入崩溃

我的同事赵玲关于要换部门的事，已经考虑了很长时间。她现在所在的部门负责公司的核心业务，她已经待了好几年了，不仅同事名单没有变化，连工作都没有一点调整。她是公司的骨干，领导也心知肚明，无奈僧多粥少，只好一直原地踏步。

最让赵玲受不了的是在粥的配额增加之前，她需要一直保持“抢粥”的姿态，不然，一个不小心就会被挤出局。

当某个部门的领导向赵玲伸出橄榄枝时，赵玲动了心。

如果是前两年，赵玲是绝对不会考虑的，但是现在，她正在努力说服自己。

老公首先跟赵玲含蓄地表达了反对意见，只说“如果你愿意”。赵玲觉得，行业不同，不足与谋。于是，她就约了一位关系好的同行吃饭，对方立场清晰地支持她：“看开点儿吧，累死累活干到什么时候啊？这地方就挺好，去吧！”

但是她还是定不下来，于是就给闺蜜打电话，却得到了另一番反对的理由：要是去干那些琐碎的事务性工作，就意味着丢掉立身之本，再想回去就难了。再说了，你现在在做核心业务，要是跳槽去了别的地方也会有竞争力，你要是去做行政，可能就要在那里待到退休。

赵玲觉得每个理由后面都有不确定性，这让赵玲很害怕，没准儿哪个“不确定”就有致命的伤害。但是，自己还是做不了决定。

其实，现在有很大一批人与赵玲一样，面对选择很难做出决定，这就是所谓的选择恐惧症。根据一项调查显示，大约有83%的人都有过这种现象。

对于“选择恐惧症”产生的原因，五成人认为是完美主义作怪，这类人容易受影响，可能是源于担心承担责任、心智不健全等。深层的心理原因大致有以下 3 点。

（1）过于追求完美

凡事都要求完美，赋予所选事物太多的意义，甚至有些强迫，无法轻易做出选择。

（2）选错容易造成心理创伤

有的人曾经在重大事务上选择失误，比如选错专业、工作等，在人生某阶段举步维艰，会影响今后的选择。

（3）独立意识差，害怕承担责任

这类人一般是由包办型父母培养出来的，独立意识比较差，长大以后也不敢轻易做出决定。简单、粗暴型父母可能会教育出害怕承担责任的孩子。

此外，需要选择的东西太多也是造成选择恐惧症的一个重要原因。心理学家曾做过这样一个试验：让两组顾客分别品尝 6 款和 24 款果酱，结果前者有 30%买了果酱，后者仅有 3%决定购买。

俗话说：有选择权的人是最富有的人。但是只有那些敢于对自己的选择负责，才是成熟的标志。因此，面对选择，与其纠结，不如行使好自己的权利。

选择并不难，人生许多事也没有对错之分。只要心理舒服，就大胆去做。实在拿不准主意，可采取“自问自答”的心理自疗技术，如“为什么选择不升职，因为要陪家人”，有助于拆掉思维里的墙。心理学研究发现，第一印象往往是最适合的，不妨相信直觉，由心来选择。

第五章

CHAPTER 05

告别坏情绪——不失控的情绪管理心理法则

天不可能总是晴天，我们也不可能天天都快乐。总有那么几天，你的心会被乌云笼罩，坏情绪影响着你的生活。然而在人际交往中，坏情绪具有很大的杀伤力，你的烦恼也会影响别人的心情。现在就来告诉你如何与坏情绪说再见，掌握情绪管理的法则。

一、情绪之手是“谁”在操纵

我的同事吴婷有一个老毛病。一旦接到大的工作项目就会起满嘴口疮，不管吃什么药都没有效果。并且溃疡会持续很长时间，休息一段时间就好，可是接到大项目时就又会出现。还有一个朋友王欣，才27岁，在发现丈夫有外遇之后，月经突然停止，一年的时间都没如期到来，最后被查出患有子宫肌瘤。经医生诊断，这是身体在遭遇重大心理创伤之后应激失常的表现，也是心理治疗师常说的“心身疾病”。

一个人的情绪起起伏伏都是司空见惯的事。当人情绪发生变化时，往往会伴随着一系列的生理变化。比如，当人觉得恐怖时，就会瞳孔变大、口渴、出汗、脸色发白；但是当情绪低落或过度紧张时，人就会越来越讨厌自己的长相，觉得怎么穿、怎么梳妆都不顺心，然后就会发现自己头发爱出油、鼻翼出油、心烦冒汗，甚至下体分泌物异常或有味。不管正面情绪还是负面情绪，长时间处在某种情绪中不能自拔，就会对健康产生不利影响。

心理问题已经成为全球大部分人的一个致命弱点，心理问题由于一直得不到重视，因此当出现问题时只认为是身体的问题，并没有想到这可能是心理造成的。

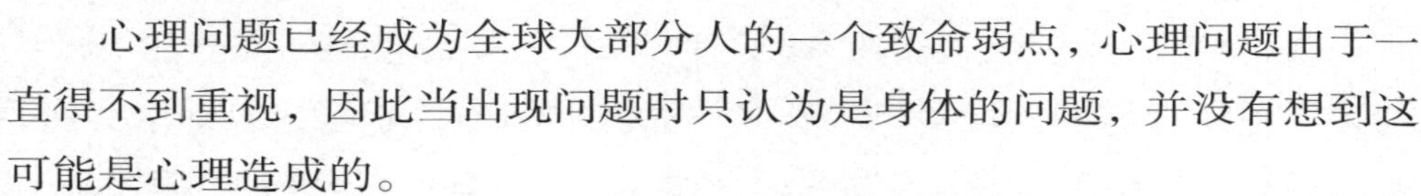

恐惧、焦虑、内疚、压抑、愤怒、沮丧……每个人的身体里都有一张关于情绪的地图。这些情绪不仅带来心理上的变化，有研究指出，70%

以上的人最终还会遭受到情绪对身体器官的“攻击”。

“癌症”与长时间的怨恨有关，常受批评的人爱得关节炎，焦虑和压力过大会影响肠胃，恐惧则容易紧张，会导致脱发和溃疡……这些与情绪有关的病，据统计，目前已达到200多种；在所有患病人群中，70%以上都和情绪有关。

现在人们最爱说的一个字就是“累”，表现为身心疲惫。生存压力让很多人越来越情绪化，有些情绪连自己都没意识到，但身体却早早地发出了“报警信号”。

不同的情绪对应着不同的身体疾病。比如恐惧、焦虑会导致腹部疼痛；批评、内疚引发关节炎；压抑导致哮喘；经常愤怒的人容易有口臭，还容易发生脓肿；恐惧会引发晕车和痛经。

胃肠道被认为是最能表达情绪的器官，心理上的点滴波动它们都能未卜先知。在所有的心身疾病中，胃肠疾病排名第一位，比如胃溃疡和十二指肠溃疡，全球约有10%的人一生中患过该病。

很多人都有这样的经验，首先是一遇到紧张焦虑的状况就会胃疼或腹泻；压力大的时候吃不下饭。司机、警察、记者、急诊科医生等患胃溃疡的比例最大。其次是皮肤。对很多人来说，紧张时头皮发痒，烦躁时头皮屑增加、睡不好、掉头发，还有反复无常的荨麻疹、湿疹、痤疮，都可能是长期不良情绪带来的后果。最后是内分泌系统。女性的卵巢、乳腺，男性的前列腺最容易受到不良情绪的冲击。

大量临床医学研究表明，小到感冒，大到冠心病和癌症，都与情绪有着密不可分的关系。充满心理矛盾、压抑，经常感到不安全和不愉快的人，免疫力低下，经常感冒、一着急就喉咙痛；紧张的人则会头痛、血压升高，容易引发心血管疾病；经常忍气吞声的人得癌症的概率是一般人的3倍。

既然坏情绪谁都无法避免，如何将它转变成好情绪，教你三招搞定。

第一招：一手掌心对准胃部，一手掌心对着丹田，闭上眼，缓慢呼吸。

第二招：面对压力情绪无法缓解时，可以采取四肢放松法，即深吸气，然后缓慢呼出，四肢肌肉完全放松。多做几个回合，直至注意力从压力这件事上得到转移。

第三招：“四一二经络调理法”——四就是合谷、内关、足三里、太冲四个穴位的按摩，每天两次，每次五分钟；一是以腹式呼吸为主的基本气功锻炼，每天两次，每次五分钟；二就是以两条腿为主的下蹲运动，每天一次，每次五分钟。可起到调畅气血、缓解抑郁的作用。

二、我们是如何被坏情绪所感染

我的哥们金鹏最近总是很苦恼，因为他觉得现在自己的情绪不如刚进职场时那么好了。原本他还以为是工作压力太大，可是后来发现并非如此。这件事就得从他的新上司开始说起。他的上司是一个非常情绪化的人，总想让别人与自己的情绪“同步”，每当他心情愉悦时，希望周边的人也跟着他一样高兴。他心情不好时，别人也不能流露出一点开心。金鹏不知不觉间总是被坏情绪感染。

这个症状在心理学上被称为不良情绪传染综合征。要知道，如果在办公室中存在不良情绪的感染，要比环境污染更为严重，它会涣散人们工作的积极性。

在生活中类似这样的事例也不少见：一些人整天唉声叹气，感到抑郁，而导致的不良情绪使得记忆力减退，对什么都不感兴趣，对自己也没有信心，并时常出现头痛、头昏、乏力、疲劳等症状，感到难以继续工作和正常生活，并且常常因为一点小事就发脾气，弄得家人和周围的人心情非常差。心理医生称，这些人患上了“情绪感冒”。

“情绪感冒”患者的年龄段主要集中在25~45岁之间。主要表现出抑郁和焦虑症状，严重的甚至有轻生的念头。其中，许多人遇到不如意的事情时，往往难以控制自己的情绪，把坏情绪传播到其他人身上，从而导致不良情绪的扩散。

比如，在办公室被领导批评或是被同事议论后，很多人一整天心情都不好，这时的被批评者很可能就被传染了不良情绪，有些人自己心情不好，对待同事时也没有好脸色，这时候就充当了传播者的角色。那么应该如何来预防“情绪感冒”的“传染”呢？不妨从以下几个方面入手。

（1）控制情绪

如果作为单位的领导，考虑到自己的一句刺激性语言可能会导致员工很长时间都生活在心理阴影中，所以在遇到不顺心时，即便自己想发火也应该尽量控制自己的不良情绪，说话要讲究分寸，委婉些，尽量把问题说清道明，让人心悦诚服。从员工的角度来分析，应该尽量学会在工作中互相配合、礼让，虚心接受各方面的意见和建议，从大局出发，保持心态平和，而不是斤斤计较或拉帮结伙。

解决不良情绪的传染问题，大家应该学会“宽心”。日常生活中，人们难免遇到一些不如意的事情。在这种情况下，要提高自身修养。其实，周围欢乐的气氛能帮助自己冲淡不良情绪。另外，当人们看到某人脸色不好看时，则可推断此人目前正处于气头上，最好退避一下，别在此刻“招惹”他。

（2）进行心理疏导

改变“情绪感冒”的另一个重要渠道是做心理疏导。“情绪感冒”者可以通过增加心理预期，期盼临近节假日的休息和放松，调节自己的情绪。这是“情绪感冒”者应该在“感冒”时所做的努力。

自行调整可以找一两个好朋友倾诉，也可以和几个好友聚餐、聊天，可以使“患者”忘掉不快，不良情绪会在大家畅所欲言和举杯共饮时悄无声息地得到化解。如果消极情绪持续得不到好转，反而已经连续“传染”和影响到其他人的情绪时，就应该及时找心理医生就诊。

在我们的职场生活中，负面情绪的传染效应同样存在，特别是在一个办公场所中，由于大家彼此间都很熟悉，彼此的情感更容易相互影响，以至于当某些职员心情糟糕时，其他人心情也会变得不好。

如何防止被坏情绪“传染”呢？这要考验智慧和心理素养。心情愉悦时，人体能分泌更多的内啡肽，使人更加快乐健康。而一些小动作可以让你避免受到负面情绪的传染。

① 远离激怒的现场

火气上来时一个眼神、一句话都可能成为导火线。所以，三十六计，走为上策。暂时冷静后，再仔细想一下，也许你会发觉没什么大不了的。沉默一分钟，一分钟的时间是微不足道的，但在发生事端前暂停一分钟也是非常宝贵的。

② 转移注意力

在遇到倒霉的事情时，你会越想越气愤，那个时候你就不如把那件事情丢开，去看看电视，唱唱歌，洗个澡，做一些轻松的事情，你就会渐渐地发现原来生活可以是这么美好。

③ 以旧换新找快乐

新鲜会让我们心情转好，比如换换发型；重新布置工作桌；购买一些新奇的物品和摆设，即便这些东西并没有多少实用性。

④ 让怒气合理宣泄

如果你的怒气膨胀起来，你可以把自己单独关在一间房屋间里或者跑到没有人的空旷地方，任意释放怒气。

⑤ 运动

运动也是治疗抑郁的无药良方。如果能定期运动更能改善心情。对职场白领来说，即便工作繁忙也完全可以在工作中运动，比如能骑车就不开车；能爬楼梯就不坐电梯。

三、为什么我总是担心事情会越变越糟

我的同事刘佳今天中午休息时给我们抱怨："今天真是'诸事不顺'，上班路上居然认错了人，尴尬得要命；上午在办公室里一不留神，把要复印的资料塞进了碎纸机；更不可思议的是，我在这个城市已生活了12年，坐公交车时居然坐了相反方向，车过了3站才恍然大悟。"

于是我们纷纷劝慰她，可能是压力太大，脑子里的那根弦一直紧绷着，一会儿是工作，一会儿是家庭，这样那样的事混在一起，难免会心神不宁。

可是刘佳还是疑心重重，总觉得还会有更糟糕的事情发生，一时间办公室陷入一种焦虑情绪当中。

对于职场白领来说，可能外表总是给人风光无限的印象，然而事实上，这只是他们生活的一个方面，在职场上他们同样需要承受巨大的压力，因而难免职场白领成为"焦虑症"的高发人群。

焦虑情绪像洋葱皮一样，有不同的层次。它们还有一个共同点，那就是不论哪一层洋葱皮都可以让你泪流满面，不论是何种程度的焦虑，都会对你的生活幸福造成影响。

情绪焦虑者通常都会产生痛苦、担心、嫉妒、报复等情绪，并且总会对自己产生怀疑；那些焦虑情绪严重的会非常痛苦，他们报复心极强、喊叫、做噩梦、食欲不振、消化和呼吸困难、过度肥胖，而且容易疲劳。最严重时，生理也会受到影响，如心脏加速、血压升高、呕吐、冒冷汗、精神紧张、肌肉硬化。

那么，有没有合适的应对之策呢？其实减压的方式有很多种，具体如下？

（1）做一个深呼吸

当你心情紧张时，不妨尝试做一个深呼吸，缓解你的压力和焦虑情绪。当你的情绪陷入焦虑时，脉息就会加速，呼吸也会加速。这时做深呼吸能够迫使你减缓呼吸速率。正确的腹部呼吸是，当你一吸一呼时，腹部将随之一同起伏。

（2）坚持达观的心态

当你不自信时，不妨想象一下过去的辉煌成就，或想象你成功的现象。你将很快地化解焦虑与不安。

（3）肯定自己

当焦虑情绪来袭时，要重复地对自己说“没有问题”，“我可以抵挡”，“我比任何人都行”。这样可以帮助你逐步消除呼吸加速及手盗汗的条件反射，使你的智能反响逐步表现出来。你会发现你果然平静了下来。

（4）学会放松

在面对每天的例行搅扰时，不妨先让自己放松数秒，这样可以很快地改变焦虑情绪。例如，当电话铃响起时，可以暂时停顿一下，再去接听。这种故意放松几秒钟的习惯，有一定的镇定作用。有助于你去操控焦虑而不是被焦虑操控。遇到周末和假期时，可以约朋友出去散散心。尽量做一些有利身心的活动，抛开工作中的烦恼。

（5）转移注意力

如果眼前的工作让你心烦紧张，那么你可以暂时转移注意力，看一下窗外的景色，使你的双眼和身体各个部位得到放松，可以帮助你暂时减轻眼前的压力。或者选择在四周走动一下，暂时忘却烦恼。

（6）放声大喊

在公共场所这个方法不太适宜。但是你可以在某些地方，例如私家

办公室或自己的车内，放声大喊是发泄心情的好办法。不论是大吼或尖叫，都可适时地发泄烦躁。

（7）坚持足够的睡眠

足够的睡眠是减轻焦虑的一剂良方。可是这对焦虑症患者来说很难办到，由于紧张情绪的困扰让他们很难入眠。但是睡觉愈少，心情就会越紧绷，更有可能发病，此刻的免疫系统已变弱。可以在睡前喝一杯牛奶，或者听一些舒缓的音乐放松你的情绪缓缓进入睡眠。

四、为什么我总是喜欢把发票揉成团

我的朋友李颖是一名外贸业务员。我们每次去超市购物的小票她都会随手揉成团扔到一边，甚至还会“刺啦……刺啦……”撕掉。我问她为什么会有这个习惯，她说下意识就想把手上的东西揉成团。

有一次，我们一起拍了一套写真，店主给了一张收据，李颖随手接过来就又开始“刺啦……刺啦……”撕了起来。我当时想去阻止却已经晚了，幸好店主又重新开了一张。我当时跟她开玩笑说：“这要是给你一张钱你会不会随手撕掉啊？”李颖苦笑了一下。

其实不自觉有这种行为的人都是因为有着巨大的精神压力，所以他们就会选择一种方式来进行发泄。

比如把发票或者纸揉成一团，似乎能让他们的情绪获得平静。这种借助其他方式发泄情绪的行为，在心理学上被称为“转移行为”。

把情绪发泄到一个小纸团上，当然不能从根本上解决问题，甚至也不能给人多大的快感，但是很多人就是忍不住这么做。

不同的人选择的转移行为也不一样，就算是同一个人，在不同的情形中使用的发泄方式也不同。

比如，常见的夫妻吵架，经常会把盘子、杯子摔得粉碎，这同样也是转移行为。

如果在了解自身精神压力原因的基础上，通过转移行为很好地发泄负面情绪，也是一种健全的精神压力消解法。例如，心存不满时，可以去拳击俱乐部的沙袋，在锻炼身体的同时也发泄了不良情绪；或者焦躁不安时，用抹布把家里的地板、家具都擦一遍，有助于让内心平静下来。

然而，不自觉地把发票揉成团，或者做出其他过激行为，都是因为精神压力大，又没有找到正确的疏解方式，才会难以自制地做出这样的转移行为。

白领作为情绪病的高危人群，及时有效地调试自己的紧张疲劳心理，避免身心的过度劳累是必不可少的。下面几个方法在闲暇时不妨尝试一下。

（1）学会自我调试

在经历了高强度的工作以后，要学会及时放松自己，保持心理的平衡和宁静。比如，参加各种体育活动；下班后泡泡热水澡，与家人、朋友聊天；双休日出游；还可以利用各种方式宣泄自己压抑的情绪，等等。

另外，在工作中同样也可以得到放松，比如边工作边听音乐；与同事闲聊几句、说说笑话；在办公室里来回走走，活动一下；打开窗户，临窗远眺，做做深呼吸，等等。

在比较复杂紧张的工作中，也要注意保持心灵的冷静，俗话说“心静自然凉”。这就要求白领们应该养成开朗、乐观、大度等良好的性格，为人处世应该稳健，要有宽容、接纳、超脱的心胸。

（2）合理安排工作和生活

给自己制定一些切合实际的追求目标，要正确地处理办公室的人际关系。白领的精神紧张，一方面是因为工作量大引起的，另一方面也和

白领自身处理问题的态度和方法有关。比如很多白领认为拼命干才能赢得上司的赏识；还有的人对工作缺乏信心，担心做不好会被“炒鱿鱼”，或被别人超过，等等。

复杂的人际关系也是诱发白领心理疲劳的因素，为此白领应该积极调整与人、与单位的关系，让自己、同事、单位处于一种良好的状态中，以保持平衡的心态。

（3）增强心理品质，提高抗干扰能力

白领们平时可以培养多种兴趣，积极转移注意力。可能因为客观的原因，白领不得不处于一种高强度压力的情形下，这就要求一方面要积极调试放松，另一方面白领也应积极增强自己的心理品质。

在平时要注意调整自己的心态，控制自己的波动情绪，以积极的心态迎接工作和挑战，对待晋升加薪应有得之不喜、失之不忧的态度，等等，通过这些以提高自己的抗干扰能力。

在生活中白领应有意识地培养自己多方面的兴趣，如爬山、打球、看电影、下棋、游泳等。兴趣多样，一方面可及时地调试放松自己，另一方面可有效地转移注意力，使个人的心态由工作中及时地转移到其他事物上，有利于消除工作的紧张和疲劳。

（4）寻求外部的理解和帮助

白领如果产生了心理问题，可以经常向家人或者知己倾诉，心理问题严重的要向心理医生求助。

五、一摸方向盘为什么我就会性格突变

我的朋友赵军的“路怒症”又发作了。他是有着5年驾龄的老司机。平日里他一向都是以温文尔雅的“绅士”形象出现在人们面前。每天开着自己的爱车早出晚归：和客户见面、送女儿上学、约朋友聊天，甚至在双休日，

他也不会闲着，不是带女儿去超市，就是陪着老婆去商场。

随着驾龄的增长，他的车技越来越好，但是不知怎么回事，每次他一坐到车里，打起方向盘时，心情就开始变得急躁。一路驶来，如果看到有堵车或有其他车插到自己车的前面，他就会有一种莫名的烦躁，嘴上开始骂骂咧咧，有时甚至还会和别人"别苗头"，故意和对方抢道，甚至逼停对方。"明明知道很不安全，可心中就是觉得不爽，觉得别人都不应该这样对我。"赵军有时对自己的行为也很无奈。

相信很多已经实现了汽车梦想的人，经常会有这样的感觉。当自己开着爱车在都市中往来穿梭时，一旦遇到堵车、行人乱穿马路的情况，很多人就会"怒从心头起"，心情突然莫名其妙地变得烦躁。"你是怎么开车的？""马路是你家开的啊！"……这些语句都已经成为司机在马路上情绪发泄的经典台词。

为什么那些平时彬彬有礼的人，一握到方向盘，脾气就会变坏呢？这种现象是在都市人身上出现的一种间歇性的情绪爆发性障碍，也就是司机的情绪控制障碍，是一种心理问题。

首先我们来思考一个问题，人和汽车究竟是怎样的一种关系呢？如果从心理学角度分析的话，每个人选择的汽车都是呼应着人们内心的投射，也就是说汽车就是外化的"我"。油门就仿佛是"我们"内心的原动力，刹车是"我们"理智的防御。

汽车的状态也就反映着"我们"内心的一种状态，汽车在马路上开，类似"我"心在走。

在开车时的脾气转变，其实是一种压力的缓解和情绪的释放，但是行为过激会给自己和他人带来身体和心理的伤害。开车时容易生气的人，一般自控能力也较差，非常容易冲动，在做事时不考虑后果。这种

情绪会增加患病的可能性。因此，在开车时，最好调整好自己的心态，拥有一份健康的情绪是很重要的。

人在“车”途中，难免会遇到堵车现象，也难免心情不好。遇到这种情况该怎么办？因为每个人都会有情绪的时候，当情绪特别糟糕，觉得面临崩溃时，请禁止开车，特别是别开“气”车。因为愤怒所带来的后果是自己无法估计的。

同时，不要饮酒开车，酒精会削弱人的理智防御机制，会影响正常的操纵感觉，泛化情绪。如是长途司机或常年开车者，需要定期进行心理保健，评估心理状态跟常规体检一样。如遇重大生活事件严重影响心理状态，请找专业心理咨询师帮助渡过心理难关。

此外，在平时开车时，可以每隔一段时间打开车窗透透气，清新的空气对改变心情有好处。也可以打开音响，听一些舒缓的音乐，或者在短时间内翻阅一些杂志，以分解对堵车的注意力。遇到别人超车、变道时，要以平常心对待。当遇到应激冲突时，应避免过多纠缠，及时请警察来妥善处理。

六、肌肉在控制情绪：过山车上的惊恐

很多年轻人喜欢乘坐过山车。沿着轨道上下翻滚，风驰电掣，呼啸而行。这种让人惊心动魄的游戏，能够在较短的时间内使人经受平衡、加速、失重、超重和离心等的强烈感觉。

于是我与朋友一起去坐过山车寻找刺激。当时看着上面的人大叫，我们就会觉得很兴奋。可是等我们自己上去时剩下的就是紧张。紧紧地抓着栏杆，害怕自己会被过山车甩出去。

等下来时，朋友已经全身酸痛，呕吐不止。后来过了两周又见面的时候，她还在抱怨："坐了一次过山车，就觉得像干了多少天体力活一样，浑身酸痛。"

不只是坐了过山车以后，我们平时都会感受到或多或少疼痛的感觉，只不过有时强烈，有时很微弱，但是这都会影响到我们的生活，而这些疼痛的来源就是肌肉紧张。小范围的抽筋只能算是轻微的肌肉疼痛，而腹部绞痛之类会显示出肌肉疼痛的严重性。比如，你将手握成一个拳头，但是不要握得太紧，起初感觉不到任何疼痛；但是时间一长会发现，你手部的肌肉会越来越紧张，并且还会感到微微的疼痛。这说明我们的肌肉已经受到了伤害。

因为坐过山车的紧张情绪导致了肌肉的酸痛，这是情绪对肌肉的损伤。最容易受到情绪损伤的是颈部肌肉，因为和情绪体现有关的肌肉群往往是我们使用最频繁的肌肉，因此，脖子上的肌肉首当其冲，它们比任何一处骨骼上的肌肉都更容易被使用，也就是说，在频繁出现的紧张情绪里，颈后肌肉是人类紧张情绪最常见的体现。

情绪是如何导致颈部肌肉的紧张状态的呢？不妨具体实验一下：晚上回家以后，坐在一把舒适的椅子上，想想你已经困惑好久的一个难题，闭上眼睛思索大约一个小时，当你站起来时，你颈后的肌肉一定不舒服，你也会不自觉地扭动和伸展你的脖子，这就是情绪紧张对肌肉造成的伤害。

在生活中我们经常会在遇见紧张的事情时，发出惊叹："好紧张！我的心脏都要提到嗓子眼了！"当然这是一种夸大了紧张情绪的说法，事实上，情绪紧张确实不是心脏真的就到了嗓子眼，而是嗓子眼里的肌肉开始紧张的原因。

在处于紧张状态时，很多人会抱怨自己的咽喉肿大，还有人会觉得嗓子眼里好像长了个什么东西。事实上，这只是由于紧张情绪从而诱发的肌肉紧张而已，而造成紧张的那些肌肉位于食道的上端，肌肉情绪紧

张就会不停地收缩，让人觉得像有一个东西卡在嗓子眼里。

如果在这种状态下，你去试图吞咽固体或者液体食物，会觉得非常困难，甚至出现窒息感，接下来或许就会怀疑自己嗓子里是不是长了肿瘤或是有什么可怕的东西，那么这个肿块也会随着情绪的紧张逐渐增大，其实这并不是什么肿块，如果你的情绪改变，回到了正常的状态，会发现那个肿块已经消失。

你开会时是否有过这样的经历：在一个大会议室里，每个人发表着各自的意见，争吵、紧张的气氛让整个会场很压抑，你的心情也糟糕透顶，嗓子总感觉呼吸不畅，也就是情绪紧张造成的肌肉紧张，这时，可以喝水来缓解气氛。

如果一个人长期处于同一种状态很容易产生负面情绪，所以需要适当地改变一下自己的状态，心情自然会朝着积极的方向转变。因此，有谈判技巧的人总能通过喝水等小动作来调整自己的心情，这样的人也比较适应长时间的会议。甚至可以这样说，在你情绪紧张时，喝一口清凉的水，滋润喉咙的同时也在滋润着心灵。

七、人人都有人格分裂症

我的闺蜜童丽离婚了！在我们这些朋友的眼里，她一向都是美丽能干、魅力十足的女人，离婚这件事应该跟她搭不上边。其实，只有童丽自己最清楚。她的性格一直处于一种矛盾之中，她自己都无法理解自己的“善变”，她自己也非常痛苦，丈夫因为无法忍受其性格选择和她离婚。

童丽说，她的个性实在是太鲜明了，在工作中像个“战神”，做事认真细致，要求严格，是个标准的女强人型。

但是在面对丈夫时，她却像个乡下老

妇女，唠叨抱怨，还不修边幅。可是她在朋友聚会时却表现得像个大男人，喝酒、抽烟、讲黄段子。而且她常常又莫名其妙地忧郁难受，跟丈夫说要去自杀，活着没意思；有时又像个孩子，说话做事完全不守规则。丈夫常常被她的善变弄得莫名其妙，无所适从，最后提出了离婚。

事实上，童丽是被不同的灵魂（子人格）占据着整个身体，常常因为“灵魂”无法协调被折磨得疲惫不堪，从而导致自己的“多面”善变。

其实每个人都有内心冲突、内心矛盾的体验。有时你会觉得你好像有几个不同的“我”，他们经常会有冲突矛盾。这些互相矛盾的成分，我们把它称作“子人格”，只要放松地去体验，每个人都会有许多的“子人格”。

那么，人们为什么会出现人格分裂的情况呢？弗洛伊德曾经在深入研究人的潜意识心理活动时，发现在人的内心深处其实存在着一种“双重性心理”现象。比如，很多人对一些作家写出来的不道德文学公然嫌恶，但是私底下却读得津津有味。

这就是对双重心理的典型表现。人格分裂是人的双重心理的病态发展，简单地说，人格分裂是因为在现实生活中找不到安全感，所以在潜意识中会分裂出另一个人，在幻想的世界里保护自己，让自己压抑的欲望得到满足。

严格来说，变更的人格一般和主要人格极为不同，新人格反映出被旧人格排斥的形态，并且常出现极端人格，大多是代表弱小的儿童人格或是被残暴的迫害人格。

每个人的基本人格或许都是一个完整的形态，包含两种性别以及善和恶，另一种性别的人格也经常出现，这反映出人格形态的出现或许来自主人格缺少的部分。

因为先天及后天的关系让主人格渐渐成型，而其他的部分被隐蔽，这也可以说明同性恋及双性恋的原因。当人格分裂发生时，其他人格知道主人格的存在且多重人格间彼此或许也知道对方的存在，但是主人格却是完全被蒙在鼓里。

八、如何摘掉愤怒与咆哮的“帽子”

王凡是一家公司的普通白领，每天往返于公司与家的两点一线之间。一上班，王凡径直走进自己的小隔间开始工作，俯瞰下去，那一个个隔间就像一块块被规整分割的农田，而王凡就是在农田中辛勤工作的小农夫之一。

辛苦、加班之类对王凡来说倒不是什么问题，最让她难受的是，王凡总觉得周围同事都在排挤她、看不起她、不愿意和她交往。虽然说不清为什么，但每天上班王凡都隐隐带着一种孤独感和卑微感，以至于她不太主动和同事往来，与同事关系比较疏离。

这种疏离的部分原因也是由于王凡的工作内容比较依赖电脑，不太需要和人打交道。最近，王凡觉得电脑的状态越来越能左右自己的情绪，当网速很慢、电脑很卡、键盘打字没反应等情况出现时，王凡会变得焦躁，甚至有想砸了电脑的冲动。

终于有一次，王凡在处理一份重要文件时，电脑突然死机，王凡一下变得惊慌焦虑，不知所措。在尝试修复几次还是没有效果时，王凡的情绪开始变得不满、愤怒、怨恨，她觉得连电脑都在故意和她作对，让她感到特别的委屈。积压已久的情绪终于爆发了，王凡抄起电脑的键盘，重重地砸到地上，并且大吼大叫。把周围的同事吓了一跳。稍微平静后王凡就后悔了，一方面她不应该把怨气发泄到电脑上，毁坏了公司财物，另一方面，自己会给同事留下“发神经”的印象，更加恶化了与同事的人际关系。

在职场中，发怒是一种不良的情绪反应，也是一种不良的行为表现。我们在家庭和学校所接受的教育就是养成一个良好的行为习惯，提高涵养。如果孩子生长在一个充满暴力的家庭，那么长大以后也许会习惯于使用粗暴的方法来处理问题。这是不良的社会化所造成的。

一个溺爱孩子的家庭，如果纵容孩子乱发脾气，这孩子长大以后也就很自然地把家里的这套作风带到社会生活中去。总而言之，一个经常发怒的人其童年所受的教育中必然有问题。

如果仔细分析一下，我们就会发现怒气有五个出路：第一个出路是把怒气压心里，生闷气。这样的人发怒时的表现，就是怒发冲冠、青筋暴跳、涨红了脸、咬牙切齿、浑身颤抖，直喘粗气，心口发痛，胃部痉挛，甚至昏厥，但没有攻击行为。

第二个出路是把怒气发泄在自己身上，比如自己打自己耳光，自己咒骂自己，甚至选择自杀的方法以作自我惩罚。

第三个出路是无意识地报复发泄，例如妻子对丈夫有气，会在烧好的菜里再加一把盐。丈夫对妻子有气，会无意识地做妻子最讨厌的事。

第四个出路是我们通常所见的外显的发脾气、大叫、大哭、大闹、大骂、大打，用很强烈的形式把怒气发泄出去。

第五个出路是向亲朋好友倾诉，转移自己的注意力以抵消怒气。

但是无论哪一种方式都不是一个良好的行为习惯，在你愤怒时可以尝试一下下面的方法。

（1）认识评定法

愤怒不是无缘无故的，总是会有原因和针对性。然而这个原因在易怒者眼中就是不可忍受的导火索，但另一些人则认为不必或不屑为之动气。所以学会制怒必须从提高自己对外界刺激的耐受力和对外界刺激的客观评价入手。

首先，你先对自己以往的行为进行回忆评价，看看自己过去发怒是否有道理。经过回忆，你会发现自己有时候是无理取闹。

有一个很有趣的故事可以说明问题：一天老板对下属发火，原因是下属工作失误。这位下属不敢对老板生气，回家对妻子乱发脾气，妻子没法，只好对儿子发脾气，儿子对猫发脾气。这一连串的发脾气只有开头老板对下属发脾气是有缘由的。这后来的一连串发脾气都是无中生有。

如果你在发怒之前首先想一想发怒的对象和理由是否合适，方法是否适当，你发怒的次数就会减少90%。

其次，低估外因的伤害性。生活中我们可以观察到，易上火的人对鸡毛蒜皮的小事都很在意，别人不经意的一句话，他会耿耿于怀。过后，他又会把事情尽量往坏处想，结果，越想越气，终至怒气冲天。脾气不好的人喜欢自寻烦恼，没事找事，惹出点祸来。制怒的技巧是，当怒火中烧时，立即放松自己，命令自己把激怒的情境“看淡看轻”，避免正面冲突；当怒气稍降时，对刚才的激怒情境进行客观评价，看看自己到底有没有责任，恼怒有没有必要。

（2）能量转移法

怒气似乎是一种能量，如果不加控制，它会泛滥成灾；如果稍加控制，它的破坏性就会大减；如果合理控制，甚至可能有所创益。

日本老板曾经想出奇招，专门准备一个房间摆上几具以公司老板形象制作的橡皮人，有怒气的职工可以随时进去对“橡皮老板”大打一通，打过以后，职工的怒气也就消减了大半。

如果你平时生气了，出去参加一次剧烈的运动，或看一场电影，出去散散步也与这种方法有异曲同工之妙。

脾气暴躁的人经常发火已成为一种习惯，所以仅让他自己改正，往往并不能持久，必须找一个监督员。一旦露出发怒的迹象，监督员应立即以各种方式加以暗示、阻止。监督员可以请自己最亲近的人来做。这种方法对下决心制怒但又不能自控的人来说尤为适合。

九、小心“我很后悔”这种感觉

我的邻居耿强今年 28 岁，因为沉迷赌博输光了所有的积蓄并且负债累累，他的妻子多次劝他，但是都没有效果，最后选择跟他离婚。耿强后悔莫及，产生了轻生的念头，服安眠药自杀被家人发现，送往医院抢救得以生还，后来耿强再度跳楼自杀。

不难看出，耿强虽然是“后悔”，却没有思考真正的原因，导致屡犯错误。所以，出现后悔情绪后一定要分析原因，如果发现是自己性格、脾气方面的原因，一定设法逐步改正。

人们在做错一件事后，往往会陷入自责的愧疚中。这种后悔心理在人们的生活中经常存在，它是一种负面情绪。常常使人陷入一种痛苦之中，如果不能及时从痛苦中走出来，就会陷入一种恶性循环之中。根据心理学家的发现，后悔带来的痛苦比错误事件本身引起的损失更大。

这种“后悔心理”在行为方式上，可以分为“做了后悔”与“不做

后悔”。根据心理学家的调查研究表明，人们“不做的后悔”显著多于“做的后悔”，而且最大的后悔是“不做的后悔”。

当然，这里所做或不做的事情是一些无害于本人与他人的事情。比如，有些男性，当他们婚姻不幸时，常常后悔当初没有勇气向自己真正喜欢的“白雪公主”表白自己的爱，因此产生一辈子的遗憾……

而“做的后悔”往往是短期的后悔，是因为对于做过的事情，即使不成功，通过体验、分析与总结，或多或少有一点收获。但是如果没有去做，就没有做的体验，很难知道其中的奥妙，因此“不做的后悔”是一种永恒的后悔，时时铭刻在心。

所以后悔存在着一个普遍的时间模式：短时期内，人们主要对做的行为的消极结果感到后悔和痛苦；但是在长时期里（几年至几十年），人们往往对没有做的行为导致的消极结果更为后悔和痛苦。

那么，应该如何摆脱后悔心理带来的阴影呢？

（1）反思后悔的根源

首先要找出造成你后悔的真实原因，以后尽量避免类似失误。有的人总是后悔，但是以后还是不改正，继续重复以前的错误。比如赌博，他们对自己后悔的认识仅仅停留在肤浅的情绪水平，并没有深深触及认知方式，因此不能很好地剖析失误的原因和吸取发人深省的教训,同时也缺乏意志力，最终遭受毁灭性打击。

（2）学会原谅自己

当你陷入极度后悔的状态时，要学会原谅自己。不妨对自己说：“即使我当初选择了其他的办法，结果没准也是这样。”利用这种思维方式可以淡化后悔的情绪。但是，在自己心里要吸取后悔的教训，因为“健忘”是屡犯相同错误的根本原因。因此，要经常提醒自己曾经犯过什么样的错误，最好写在纸上。

（3）积极行动

认识到错误后要痛定思痛，看看还能不能挽救结果，事后要积极采取行动。假如不能进行挽救，要意识到失败是成功之母，下决心争取日后更大的成就。

比如，你跟一个好朋友吵架伤了和气，可以利用各种渠道真诚地向对方道歉。如果对方已决心“断交”，那么只能吸取教训，改正自己的缺点，在以后的日子里处理好人际关系。

（4）寻求帮助

如果后悔心理持续的时间太长，就会不利于心理健康。这个时候，你就需要考虑寻求专业人士的帮助，以尽快走出痛苦的阴影。

在现实生活中，失败是在所难免的。不过，在工作和生活中是完全可以避免因为疏忽大意、盲目乐观、侥幸心理、意志薄弱、过于自信而酿成的大错，于是需要预防后悔的负面情绪的困扰。

①对于有严重后果的要谨慎处理。千万不要低估带来的损失的严重性，否则一失足成千古恨，遗恨终身。

②对于恶小事件要防微杜渐，否则酿成大祸，再后悔就晚了。

③培养意志力是克服后悔的盾牌。如很多人明知赌博会毁掉一切，很多学生知道网络成瘾严重影响学习，但意志力差，克服不了诱惑，最终疾首悔恨。

④敢于尝试并且不断提高决策能力。对于不确定事件，要对更多的因素进行分析，这样能使后悔值降到最低，看准的事要大胆去做，可以不断提高决策能力，同时防止长期后悔。

实战篇

自控力是一种力量，也是一种能力，虽然是人类与生俱来的，但也可以在后天的锻炼中得到提升。在上篇中讲述了在自控过程中存在的陷阱，以及造成失控、拖延、坏情绪的心理原因分析。本篇将为困扰大家已久的“失控能量”寻找克制之法，让自控的正能量拯救每一个人的生活。

第六章

CHAPTER 06

时间自控术：别在时间面前耍赖

时间是最公平的衡量标准，每一个人拥有的时间都是相同的，再聪明的人也玩不过时间。想在时间面前偷懒，会导致自己患上拖延症，弄得焦头烂额；在时间面前耍赖，换来的只是拖延的不断折磨，让你精彩的人生悄悄流逝，留下混沌的噩梦。只有学会管理时间，细化时间安排，在规定时间内完成该做的任务，才有可能摆脱拖延症。

一、盘活那些零碎时间

如果职场白领们对一天的时间进行统计，一定可以发现每天会有很多的时间被流逝，比如等车、排队、走路、搭车等，其实这些时间不妨用来背单词、打电话、温习功课等用来提升自己的职业素养。我们随时随地都可以上网，了解最新的资讯，没有任何借口在一边发呆。

前一阵子，我和同事出差，他们都惊讶为什么我整天和他们在一起，但是我的电子邮件都可以及时回答？后来，他们发现，在他们乘坐飞机、坐汽车聊天、读杂志和发呆时，我就把这个工作做了。重点是，不管你忙还是不忙，你都要把那些可以利用时间碎片做的事先准备好，到你有空闲时再拿出来做。

职场中大多数人都会抱怨时间不够用，上班为工作忙碌，下班为家庭忙碌。其实，只要在平时规划好零碎时间就可以让你忙里偷闲。生活中有很多零碎的时间是大可利用的，如果你能化零为整，那你的工作和生活将会更加轻松。

什么是零碎时间？就是指不连续的时间或一个事务与另一个事务衔接时的空余时间。这样的时间很容易被人们忽略。零碎时间虽短，但日复一日地积累起来，其总和将是相当可观的。凡在事业上有所成就的人，几乎都是能有效地利用零碎时间的人。

你或许经常感到时间紧张，很多重要的事都来不及去做，要知道你是在为自己找借口。三国时的董遇是个非常有学问的人，向他求学的人很多，但是他要求首先“书读百遍，其义自见”。

每当求学者抱怨：“没有时间”时，他就说：“当以‘三余’即‘冬者岁之余，夜者日之余，阴雨者晴之余’也。”这“三余”的利用，正是对零碎时间的累积。可以以小积大，这就是时间的独特之处。

宋朝政治家钱惟演，家境很富裕，后来又做了大官，除了读书也没有别的嗜好。他曾经对下属说：“平生惟好读书，坐则读经史，卧则读小说，上厕则读小辞，盖未尝顷刻释卷也。”读书手不释卷，是个好习惯，很值得学习。古往今来，这样的书痴，为数不少。

但是这个故事特别的地方，就在于钱惟演用不同的书籍配合他生活的不同片段，正襟危坐时读经史，因为要端正态度，说不定还要做札记。这也说明了经史不是用来消遣的书。相对来说，小说便是消遣书，因此可以用一种闲适的姿态——例如躺卧着来翻阅。

这个故事告诉我们一个充分利用时间读书学习的方法：利用零散的时间要因地制宜，善于变通。

现在人们生活在大都市里，一定对每天上下班的交通问题颇有感触。通常你上班时要在公交车上花费一两个小时，而下班回家时又要花上一两个小时。这样一天就要花掉四五个小时，甚至花费更多的时间来挤车、上车、下车、换车，交通占据了很大一部分时间，值得特别注意。

那么，这个时候你应该考虑：是否能缩短交通时间，或者你是否能有效地利用这些时间？

美国著名的近代诗人、小说家和出色的钢琴家爱尔斯金曾经讲过钢

琴教师卡尔・华尔德对她的启示：

一天，卡尔・华尔德给我授课时，忽然问我每天要练习多长时间的钢琴？我说大约三四个小时。

“你每次练习，时间都很长吗？是不是有 1 个小时的时间？”

“我想这样才好。”

“不，不要这样！”他说，“你长大以后，每天不会有长时间的空闲。你可以养成习惯，一有空闲就几分钟几分钟地练习。比如在你上学以前，或在午饭以后，或在工作的休息时间，五分钟、五分钟地去练习。把小的练习时间分散在一天里，如此弹钢琴就成了你日常生活中的一部分了。”

爱尔斯金上大学时，想从事兼职创作。可是上课、做卷子、开会等事情把他白天晚上的时间占满了。差不多有两年时间爱尔斯金一直不曾动笔，因为他总是找不到时间。后来想起卡尔•华尔德先生告诉他的话。

到了下一个星期，爱尔斯金就按照他的话去实践。只要有 5 分钟左右的空闲时间，他就坐下来写一百字或短短的几行。出人意料的是，在那个周末，他竟积累了许多的稿子准备修改。

后来爱尔斯金又用同样积少成多的方法，创作长篇小说。同时练习钢琴，他发现每天小小的间歇时间，足够他从事创作与弹琴两项工作。

其实如何利用短时间，有一个诀窍：就是要把工作进行的迅速，如果只有 5 分钟的时间供你写作，那么切不可把 4 分钟的时间消磨在咬你的铅笔上。

只要在思想上有所准备，那么当工作时间来临时，就能立刻把心神集中在工作上。就算是极短的时间，如果能毫不拖延地充分加以利用，就可以积少成多地供给你所需的长时间。迅速集中脑力，并不像一般人所想象的那样困难。

所以千万不要小看这些零碎时间，让这些时间白白流逝，只要你加以利用，就会让你的工作、生活轻松很多。

二、别小看 10 分钟

展博的工作效率非常高在我们部门是众所周知的，每天分配给他的任务，他都能十分完美的完成。因此每次距离下班时间还有十分钟时，展博已经收拾停当，只要下班铃声一响，他马上就会离开公司享受私人时间。展博一直都觉得，反正工作已经完成，上司也无可挑剔，有时候还会充满优越感地提前一分钟走到前台准备打卡。

其实这一切都被老板看在了眼里，时间一长，心中自然留下了展博对工作不敬业的印象。所以，虽然展博在公司工作的时间不短，却一直没有得到任何提升。

相信很多上班族在随着下班时间一点点逼近时，工作状态也会变得越来越心不在焉，试想假如老板看到你这个样子一定会认为你平时的工作不专心。

所以不妨好好利用一下这最后的时间，给一天的工作画上一个完美的句号，达到让黎明前的黑暗带来光明的效果，那些金牌员工的过人之处在于不会疏忽工作中的任何细节，都会要求自己的表现必须完美无瑕。如果你想成为上司心中最当红的金牌员工，那就这样做吧。

经过一天的忙碌工作后，现在看看时间，哇，距离下班时间只剩下

十分钟。于是整个人立刻调整到松懈状态，甚至有的人已经开始通过聊天软件安排下班的娱乐活动，这个时候会上个厕所、喝杯水，或者干脆静静地等待下班时刻的到来。

但是，你必须要知道，这十分钟仍然是上班时间，也就是公司老板花钱购买你劳动力的时间。可以确定的是没有一个老板愿意看到自己的员工在这十分钟时间里身在曹营心在汉，假如你这种状态被他发现，他就会认为平时你的工作状态就是如此，从此对你留下负面印象。

想想看，其实这一整天你都在努力工作，那么何必让自己在最后的十分钟时间里功亏一篑呢？所以不如充分地利用一下这最后的时间，给一天的工作画上一个完美句号。

在下班前的最后 10 分钟时间里，你不妨记得做这 6 件事。

（1）检查一下当天的工作情况

因为这十分钟非常短，所以在你工作的时候，就不要去做什么费脑子的事。可以打开工作的备忘录，看看今天要完成的工作还有没有什么遗漏。

（2）检查一下邮箱

最后再检查一遍自己的邮箱，看看有没有什么重要的邮件被自己疏漏了。

（3）记录当天的工作备忘

回想一下今天自己完成的工作，然后把工作内容简单地记录下来，方便自己以后需要查询时用。

（4）整理一下今天新增的物品

比如，别人递上来的新名片、新撰写的文档、别人传过来的重要文件，等等，是不是都放在了合适的地方，有没有做好备份。

（5）列出明天需要办的事项

按照紧急程度做好标识，这样可以防止第二天早上来时再浪费时间进行整理，并且下班回家没事时也可以想一下第二天会议时自己的发言。

（6）下班时间终于到达

这个时候你可以关上自己的电脑，确定显示器电源已经关闭，整理好自己的私人物品，再顺手把办公桌收拾一下，扔掉垃圾，拎起包包就可以走人了。

不必担心老板看不到你的努力，如果你能够做到这六件事，老板就一定可以把你的辛勤努力看在眼里记在心中，时间久了对你的印象分自然会突飞猛进。

三、抓住职场的“黄金时间”

我的闺蜜齐琪在每天的八点到十点是最难集中精神的时候。可是，她却偏偏喜欢在这段时间里逼迫自己完成上司交代的难题。每次她都觉得看着一小时就能完成的工作任务，居然三四个小时都完成不了，她就更加着急上火。

于是，她带着低迷的情绪，坚持着低效率的工作。结果，她每天都得加班才能完成任务。久而久之，她开始厌倦工作，甚至也不再热爱生活。

是否当很多职场人士面对各类不同的工作都摆在自己面前时，已经习惯了随便从一项任务开始，不管它是否紧急和重要。那么就会导致，你每天都会很忙，每一件事情都是紧急的，可是总是有忙不完的事，最后也没有忙出什么成果……

当你看到这里，是不是应该思考一下，自己忙碌的工作中究竟都塞满了什么？在自己忙碌之前，是否应该学习一下如何利用黄金时间段为自己的工作内容排排队呢？

那么，第一件事就是要了解黄金时间的规律，然后找出适合自己工作的黄金时间。

一般来说，上午八点开始，人的大脑推理能力比较强，因此适合从事一些严谨和周密的思考性工作。

下午两点到三点，人的大脑反应能力比较强，适合做快速决断、等等，因此根据规律，职场人士可以充分利用“黄金时间段”去攻克最难拿下的工作任务，当你的精神处于低迷状态时，不妨只是简单地整理一下近期的文件和待处理事项的完成情况。

一般来说，黄金时间是指你精力最旺盛，工作起来最有效率的那段时间。要想按时、高效地完成工作任务，至少不加班，职场中的你要做的就是充分认识和利用这个黄金时间段。你在黄金时间段内的所作所为，直接决定着你的职场成败。虽然一天的工作时间有七八个小时，但是大脑不可能如此长时间地保持活跃的状态。

假如当你正挥汗如雨地工作时，突然觉得大脑陷入停顿了，像“麻木”了一般，陷入思绪低潮，不管这时是否处于黄金时间，建议先将手头的工作放一放，做一些其他的杂事，说不定就能灵光乍现。

很多人在工作中，永远都是忙忙碌碌，虽然工作没少干，但是得不到理想的成就。这就是犯了“胡子眉毛一把抓”的毛病，不懂得运用“二八法则”提升工作效率，某些事情重要的部门只占 20%，而剩余的 80%都是次要的。

所以你要做的是，如何能在工作中高效、优质地完成任务中20%的精髓部分，运用主要力量来完成这20%的重点内容，剩余80%的工作任务，就是水到渠成的事情了。

看到这里，你是否应该问自己：此刻辛苦的工作，是取得了80%的业绩，还是只有区区20%的业绩？你抓住工作的重点了吗？

当你的办公桌上铺满了写满数字的纸，烦琐的工作方案……你的工作已经是一团乱麻，就算是你不想让之前的努力付诸东流，但是后续的缝补工作也会使你不胜其烦，严重影响工作效率。

大多数时候，人们都是为了“缝缝补补”而加班加点。就算是完成了任务，也会因为前期工作成效的不理想，导致后期大部分工作用来修补前期的缺陷，最终结果显得“臃肿”，充斥太多没有价值的内容。

因此当你在工作开始前，尤其是对你来说比较重要的工作，不要急于动手，先按照原有的思路和流程来进行构思，想想原来的想法是否还可以适应目前的情景，如果不可以，就要重新理顺工作思路，推倒重来可能不会花更长的时间，也能得到更优秀的效果，千万不要因为先前的“努力”不想白费，从而陷入一个恶性循环。

当你在面对棘手的工作任务而手忙脚乱或者陷入困境时，不妨接受一下同事的帮忙，就算不能让你醍醐灌顶，至少有人可以分担一部分沉重的工作任务。关键时刻的援手，不会每次自动送上门，这一切得靠自己的人品。

如果你有时间，而别人需要你帮忙时，你也要满口答应，为他人解了燃眉之急，那么下次当你需要别人帮助时，别人也会不遗余力。相反，当你有空时，别人需要你帮忙，而你一口拒绝或者置之不理，那么等你需要别人帮忙时，获得帮助的可能性就变得很小很小，因为他不欠你什么，而且他也知道你并不愿意帮助别人。

人们常说“赠人玫瑰，手有余香”，的确如此，团队合作永远最重要，没有他人的帮助，独木何以成林？

四、二八法则与四象限法则

在与朋友聊天时，他们总是感叹需要做的事情太多，总是觉得时间不够用。我们每个人应该都有这样的经历，上一个策划案还没有着手做，下一个案子又来了，而且这中间总是有意想不到的事情发生。我们不禁开始怀疑，自己真的有那么忙吗？

大智有所不虑，大巧有所不为。我们究竟应该如何驾驭时间，不做时间的奴隶呢？

下面为大家分享两个管理时间的法则，希望对你的生活和工作有所帮助。

（1）二八法则

二八法则又称为：巴雷特法则、80-20 法则、帕累托效应、80/20 原理、最省力法则、不平衡原则、帕累托法则、重点法则。

帕累托曾经提出一个理论，意大利 80%的财富被 20%的人所拥有，并且这种经济形势普遍存在。后来人们逐渐发现，社会中各种事情的发展都迈向了这一轨道。

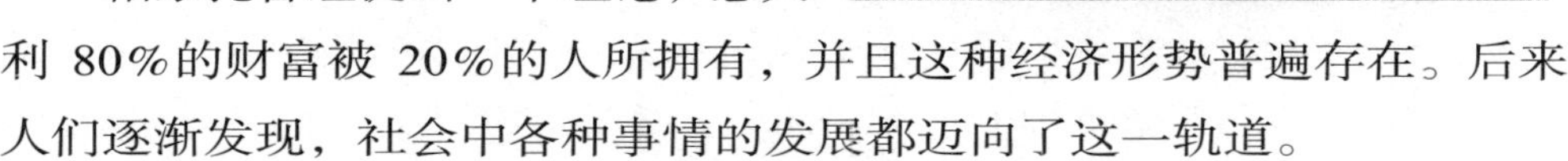

而且，这一理论被世界上很多专家用来进行研究、解释相关的课题，并且经过多年的演化，已经变成现在管理学界所熟知的“80/20 原理”，即 80%的价值是来自 20%的因子，其余的 20%的价值则来自 80%的因子。

最初这个理论只限于经济学领域，后来这一法则被推广到社会生活的各个领域，且深为人们所认同。帕累托法则是指在任何大系统中，约 80%的结果是由该系统中约 20%的变量产生的。

例如，在企业中，一般 80%的利润来自 20%的项目或重要客户；经济学家认为，20%的人掌握着 80%的财富；心理学家认为，20%的人身上集中了 80%的智慧等。

具体到时间管理领域是指大约 20%的重要项目能带来整个工作成果的 80%，并且在很多情况下，工作的 20%时间会带来所有效益的 80%。所以在时间管理上，要有所选择，把更多的时间投入到能带来更多收益的 20%的时间上。

（2）四象限法则

四象限法则源自艾森豪威尔的十字时间计划：画一个十字，分成四个象限，分别是重要紧急的，重要不紧急的，不重要紧急的，不重要不紧急的，然后把自己要做的事都放进去，先做最重要而不紧急那一象限中的事，这样，艾森豪威尔的工作生活效率大大提高。

我们很多人都知道这个四象限工作法则，但却有 80%的人在工作中不能很好地应用这个理论。那是因为很多人没有打通“任督二脉”，那什么是“任督二脉”呢？

所谓打通“任督二脉”是指如何评估一件事的重要性和如何得知一件事的紧迫性。

我们可以分析一下自己的价值观，就是我们评估一件事的重要程度的标准，而紧迫程度则是任务的时间底线。

第一象限：重要且紧急。例如，处理公司负面报道、填报高考志愿、内急上厕所。这些事情都是必须马上去做，否则后果很严重。

第二象限：重要不紧急。例如，编写年度工作计划、参加人力资源管理师考证、出远差为汽车加满油。这些事情虽然看起来不紧急，但我们却不能置之不理。如果不去重视的话，那它随时都会发展成重要且紧急的事。

第三象限：不重要但紧急。例如，工作中手机突然来电话、临时会议。这个遇到真的是无可奈何，可能会忙了半天一点效果都没有。

第四象限：不重要不紧急。例如，看无聊的电视、打 DOTA 游戏、一个人闲逛。这些都是为了打发时间，可以作为一种调味剂，但若沉迷于此，那我们的价值就会大打折扣。

那么，在实际工作中如何真正运用四象限工作法则呢？

首先，要改造你的工作清单。

① 分“轻重”，给所有任务以职业价值观为标准标出“重要”或者“不重要”的标准。

② 分“缓急”，给所有任务以截止日期为标准标出“紧急”或者“不紧急”。

③ 按照自己的意愿给所有的任务标出“高”“中”“低”三种优先级别。

其次，将工作任务装入四象限中。

最后，处理这些事务的原则：

第一象限：没什么好说的，立即去做！我们工作中主要压力来自于第一象限。

第二象限：有计划去做——应该将时间投资于此象限。

第三象限：交给别人去做——此象限是我们忙碌而盲目的源头，要么放权交给别人去做，要么委婉拒绝或减少产生。

第四象限：尽量别做——用于缓冲调整的象限。

五、每天“多出”1 小时

我的闺蜜馨月刚刚升级为妈妈，这期间有喜悦也有烦恼。因为以前没有宝宝，她和老公过着二人世界，家里的琐事比较少，可以经常出去旅游、吃饭等，过着比较自由的生活。可是自从有了宝宝，每天都要想着宝宝是不是需要尿了、是不是饿了，生病了该怎么办？家庭生活中，俩人常常因为宝宝争得不可开交，公司的事，作为部门主管，每天都有大事小情需要向她汇报，她就觉得自己生活在水深火热之中。

公司的事一团麻，上班时候还要考虑着宝宝的事，究竟怎么样才能让她摆脱这种慌乱的生活呢？

其实我们每天的生活都是被琐事充斥着，于是我们需要简化，再简化。当我们开始讨论如何使生活更积极、更有意义时，就产生了一个问题，因为人们总是说没有时间去追逐梦想，没有时间去锻炼，甚至没有时间去思考。

你可以借鉴下面的方法，使你每一天都多出一小时甚至更多，当然要找到那个适合你的（不是每一项都适合所有人），并且坚持下去，使每一天都多出一小时，做你喜欢的事。

（1）下班后安排一个约会

每天下班后给自己安排一点事去做，可以是健身，也可以是其他一些项目。如果有其他人陪你一起这就更好了，这些人可以是工作以外的，例如健身教练、项目搭档都可以。

你最好每天都坚持这样做，因为这可以让你从每天的工作中解放出来。

（2）早起一会儿

这是最直接的一种方法，每天找一些对自己很重要的事迫使自己早起一会儿。比如，写作、锻炼、读书，如果在早上完成，那么就不会占用跟家人共处的时间。同时因为这个时间段很少被打扰和转移注意力，因此在这个时间内做任何事情都是最有效率的。

（3）关掉移动电话

当然并不是说要全天都关闭电话，可以选择一天内的一段时间拒绝被别人打扰，专心做自己感兴趣、真正重要的事。这可以让你在短时间内做更多的事情，而不会因为接电话中断本来专注的事情。

（4）不去看邮箱

这可能不适合每一个人，但是如果你每天只查看 1～2 次邮箱，就会节省很多时间，不停地查看邮箱会浪费很多时间。

（5）叫外卖

大多数人都会在用餐上花费 1～2 个小时的时间，当然一顿放松惬意的午餐是很美妙的，但是如果叫外卖，你就可以节省时间去做更多的事，工作提前完成，可以早点下班。

（6）掌握最重要的工作

要弄清楚你每天必做的是什么？是说那些必须做，不做会影响正常状况的事。这样思考以后你会发现很多事情都是不必要的，比如接电话、查看邮件，有时需要偶尔做，有时真的完全没必要。分清轻重，你就不必在无关紧要的事情上浪费时间，重要工作会在更短的时间完成。

（7）取消一两次会议

认真思考一下，最近需要参加的会议中，有多少是真正有用的？有多少是你要亲自参加的？这取决于你所做的工作，如果你有这个能力可以不去参加，或者通过邮件的方式解决，取消一次会议就可以为你节省 1 个小时。

（8）压缩任务表

通过核心工作确定任务表中必须完成的事，将不是必要完成的事列到另外一张表中，或直接删除。为了不浪费时间，只完成那些必要的工作。

（9）学会拒绝

时间消耗的一个重要原因是来自他人的要求，我们每天都要通过电话、邮件、文件等接到来自别人的要求。会议、任务、提供资料、请求成立委员会或小组，等等，这些消耗了大量的时间，拒绝那些不必要的事情。

（10）直切要点

不要选择漫长而缓慢的交流方式，所以当想要谈出结果时，需要把那些不必要的冗长内容简化，特别是与合作伙伴而非亲密朋友时。在电话中或单独见面时，你需要直切主题或几分钟内进入重点，而当对方未切入要点时，你可以直接提醒他。

（11）别煲电话粥

电话粥会占用你大量的时间，所以在打电话时要尽量简明地表述，与通话的对象直接切入主题，讲明白后就挂电话，告诉对方你有其他事情正在忙。

（12）尽量避免短消息

并不是说这种方式的交流没有优点，但如果总是用短信方式交流会占用大量的时间。相反，在极有必要时才采用这种方式。

（13）搜索，不保存

曾经储存大量的文件在计算机上，文件分别归类，邮箱也分门别类，每天都会花费一定的时间在这些事情上。但现在，只是将有用的文件储存，当需要什么时会重新搜索，信息是每日更新的，每封邮件都是即时访问，过多的储存没什么意义，因而不要浪费时间。

“时间就是金钱”一天只有 24 个小时，有些人会觉得不够用，其实时间无非是挤出来的。省略了那些琐碎的小事，时间拼凑出来就多了，一个小时两个小时甚至更多。所以你可以好好利用省出来的时间，做更多你觉得有意义的事情。

六、半小时工作法

我在设计公司工作的同学林翔曾经是深度的“职场拖延症”患者，由于拖拉的习惯经常导致他的工作下班时没有完成，需要加班。后来，他在网上偶然了解到“半小时工作法”，于是试验一下。

使用之后他觉得这种方法对他工作的效率有了很大的改善，就一直坚持使用“半小时工作法”处理工作，他告诉自己那些患有拖延症的朋友，“半小时工作法”其实很简单。

在每天开始上班时就规划自己今天要完成的几项任务，然后将任务逐项写在列表里，然后设定“番茄钟”（通过定时器、软件、闹钟等）的时间为 25 分钟后开始完成第一项任务，直到“番茄钟”响铃或提醒（25 分钟到），停止手里的工作，并在列表里该项任务后画个“×”，休息 5 分钟后开始下一个“番茄钟”，继续下一个任务，一直循环下去，直到完成所有任务，把列表里的所有任务划掉。

假如在中途遇到了突发情况必须做别的事，那么就停止这个“番茄钟”并且宣布作废，做完别的事后再重新开始同一个“番茄钟”。林翔说，“看到列表里的‘×’慢慢增多，非常有成就感。”

半小时工作法又称为“番茄工作法”，意思是把需要完成的任务分解成半小时左右，利用其中的 25 分钟集中精力工作，后 5 分钟用来休息，把这个过程想象为种“番茄”。即使计划好的工作没有完成，也要按时进入休息状态，然后等待进入下一个番茄时间。

在收获 4 个“番茄”以后，可以休息 15~30 分钟。这样的时间设定是考虑到，人们对庞大任务的恐惧是造成拖延的主要原因，只有把注意力集中在“当下”，才能帮助人们更好地集中精力、摆脱过去失败的阴影和对“万一任务完不成”产生的焦虑。而 5 分钟的休息时间，可以激励使下一个 30 分钟更有动力。

我们往往每天的状态是小事忙活一天，大事一样没办。半小时工作法就是要求每天早晨做好一个计划，为自己一天的工作进行分配。另外要注意在每个“番茄”时钟开始之前，重新评估活动的优先级，最重要的一项待办活动会跃然纸上。要保证你一直在做最重要的事，而不是别的事情。

还有很多人到了最后期限，就会步步紧逼。每天强迫自己加班到很晚，周末也不休息，长此以往，你的工作还是不会有任何效率。因为被迫加班，也拿不出好成果来。半小时工作法，用 25 分钟的短期更替为节奏，可以帮你建立起可持续发展的步伐，休息时安心休息，工作时一心一意。

当我们从休息的状态回归工作时，往往心智调整不过来。每天上午刚上班或者吃午饭回来，时间常常会在你面前溜走。

还没有把心思放在工作上，时间就一分一秒地过去。半小时工作法是以动作为导向，扭启番茄钟是动作，遵守铃声是动作，填写“今日待办”表格是动作。习惯成自然，充分利用条件反射的力量。

另外，为了避免第二天犯同样的错误，要在番茄工作法结束前做三件事：记录、处理和可视化，这个每日回顾工作，是为了改进个人流程中出现的问题。每天进步一点。这样做还有一个好处是，一开始你是照着书本应用半小时工作法，等到认清自身工作习惯以后，你就可以进行适当的调整，形成自己专属的一套方法。

如果你所要做的事情比较复杂，那么不妨将活动拆分为几个小项

目，使工作过程更加清晰。然后进行预估，如果某项活动大概需要 7 个以上的番茄钟，那么就应当拆分它。半小时工作法可以预估每项活动，通过比较“预估番茄数”和“实际完成所用番茄数”，可以让你在每一步都得到即时的反馈。

在进行工作时，经常会节外生枝地冒出一些次要任务，不用担心，在半小时工作法中，你可以将其填入“计划外紧急”一栏，然后再接再厉，完成主要活动。

有些人有时很难集中于某项活动，因为他头脑中的其他想法会一刻不停地冒出来。这时应当把它们填入“计划外紧急”表格，然后再接再厉，完成手头的活动。想要专心致志，就抛开所有杂念。

不要只顾低头干活，忘了抬头看路。大脑是需要一点时间来巩固记忆、识别模式、做出结论的。使用半小时工作法，每半小时休息一下，可以让大脑有机会吸收在上一个番茄钟的所见所闻。再回到工作上来，就能够一览全局，没准又有三五个新点子。

在进行一项探索活动或开发活动所需要的时间，没有办法提前预知，所以只能尽量估计得接近一点。把估计值当作承诺，无论是对自己或对同事，都会造成不必要的焦虑。要避免这种困境，就要使用半小时工作法，就算最后期限迫在眉睫，你也能花 25 分钟专注做你的事。然而也应该做到随时沟通，让相关人员看到事情进展。

半小时工作法的“跟踪”阶段就是在收集全天工作流程的真实数据，这些数据可用于每日回顾，以改进第二天的流程。要跟踪哪些数据，你自己决定，根据具体的工作状态而有所不同，但可以先从计算“中断数”和“完成番茄数”开始。

当有人把一堆事儿推到你头上时，你还能享受工作乐趣吗？“必须去做”和“我想要做”之间的斗争，从小孩子两岁时就开始了。其实还有第三选项“我选择”。使用半小时工作法，每天早晨量力而为地选择当天能完成的活动。自己积极地将活动拉入“今日待办”表格，而不是被动地等它们来找你，这有助于建立你的新好员工形象。

“等一等，还有更完美的方案”其实是另一种形式的拖延。然而半小时工作法没有给“拖延”任何的机会。你只能前进，开始一个番茄钟，不必惦记怎样才能做到“非常完美”。扭启番茄钟，投入 25 分钟努力，然后得到画一个“X”、休息一下的奖励。

投身于番茄工作法，让它成为你的进程指标，让工作有章可循。它只属于你自己，为你量身定做。借助每天完成的番茄数，你可以提升效率，完成更多工作，为平凡增添乐趣。

七、做好时间管理的 4 种技巧

我们公司的设计师安茜，对待工作一丝不苟，即使是细枝末节也不放过。只要发现自己做的方案有一丁点儿不好，就会全部销毁，重新再做一份。虽然她做出来的东西是不错，可是她这种不会管理时间的毛病，也让她成了公司里的“超级名磨”。

前两天，公司接到了一个大单子，在开会的时候，上司一再强调必须要做好创意文案。老板要求安茜所在的设计部合力做出一份完美的设计图。虽然安茜办事磨蹭，可上司想到她还算是有能力，于是决定让她接手最主要的任务，要求她把内容做得时尚前卫一点儿，并且特别强调，必须按时完成设计图。

安茜接到任务后，一刻不敢懈怠，开始苦思冥想，希望能拿出一个

令人皆大欢喜的作品。可是，整整一个星期过去了，别人的策划案都按期上交了，只有安茜还没有想出让自己特别满意的切入角度。也就是说，她的设计图至今还是一张白纸。

眼看就要到交稿日期，上司每天在网上询问她的进展情况，偶尔还要与她面谈。上司有好几次都是忍着脾气，尽量不发火，可是他的神态中却总是露着一股子不耐烦和愤怒。

很多人在参加工作一段时间后，都会失去原来的新鲜劲，陷入磨磨蹭蹭的工作状态。本来计划好的事情却一拖再拖，领导安排的任务不到最后一刻绝对没有思路，每天总是在应对很焦急的事情……殊不知，这个时候他们的时间管理已经变得非常糟糕，已经严重影响了一个职场人的发展。

虽然整天都是忙忙碌碌的，可是许多职场人会发现，自己每天像“救火队”一样被动地处理各种紧急的工作。那些无关紧要的事情占据自己太多的时间，然而一些重要的但不紧急的事情却被束之高阁。

那么对于职场人士来说，有没有一些方式是比较行之有效的时间管理方法呢？下面的方法可以值得职场人士借鉴。

（1）6点优先工作制

你是否想改变自己每天像“救火队”一样的工作状态，那首先就要调整好自己的工作时间。要把尽量多的时间花费在重要但是不紧急的工作上。

著名的效率大师艾维利提出“6点优先工作制”的方法。具体操作内容是在每天早晨上班前，在你的笔记本上写下今天需要做的全部事情。

然后按照事情的重要顺序，分别从“1”到“6”标出六件最重要的事情；在一天的最开始，全力以赴做标号为“1”的事情，直到它被完成或被完全准备好，然后全力以赴做标号为“2”的事情，以此类推。

一般情况下，如果一个人一天可以全力以赴地完成6件最重要的大事，那么他就是一个高效率人士。

（2）设定一个不被干扰的时间

很多的职场人都会有这样的抱怨，每天自己忙得脚不沾地，可是当每一年做总结的时候，却发现自己一年似乎什么都没有做，没有什么进步。那是因为这些人每天都像陀螺似的在旋转，很少静下心来思考自己做的工作。

也常有人抱怨，当自己在做一些重要的工作时，因为不定时被别人打扰，难以高质量地完成。

建议大家可以采用的方法是，每天拿出固定的一段时间，可以是早上或者晚上，为自己设定一段不会被干扰的时间，一方面可以静下心来处理一些重要的工作；另一方面也可以静下心来进行自我反思并调整自己第二天的时间安排。

（3）20秒的情绪控制

在时间管理上，如果想要克服拖延症，有一个很重要的方法是要学会控制自己的情绪，对那些必须要去做的事，就要立即行动，最快 20秒。比如，周末在纠结是睡懒觉还是去参加论坛或讲座时，就要提前20秒，快速做出积极的决定，而不是躺在那儿考虑半天就是不行动。

然而对一些需要谨慎考虑的事情，或者情绪激动时的决定，要三思而后行，慢20秒再做出决定。

（4）设定小的TIMER

要改变拖延症，还有一个可以使用的简便方法，那就是当自己在做某项工作时，可以为自己设定一个TIMER（时间），例如，写一篇稿子或一篇汇报，为自己设定半个小时或一个小时，然后利用倒计时的方法，开始工作，经过这样的训练，你会发现比自己平时做同样的工作，节省很多时间，原先在写报告前的各种情绪预备工作全部简化，工作效率大大提高。

当然，改变时间管理的技巧还有很多，比如使用 OutLook 里的日历、目标分解法、下决心一次性把事情做好、利用碎片化时间、挑战“快文化”等。

想要改变一个人多年的习惯，挑战自我的舒适期并不容易。很多人都不容易坚持下来，一般来说，改变一个人的习惯需要三个阶段。第一个阶段是导入期，需要 1~7 天，人们改变习惯的行为是有意识的，但不自然；第二个阶段是适应期，一般需要 7~21 天，这时候人们的改变虽然还是有意识的，但已经很自然。第三个阶段是养成期，需要 21~90 天，这时候人们时间管理的行为已经变成是下意识的，而且非常自然。所以，改变恶习要循序渐进，不要急于求成，否则就会适得其反。

第七章

CHAPTER 07

情绪自控术：跟负能量说再见

你是否意识到当你情绪低落时，会出现轻微的失控。

负面情绪可以瞬间破坏和谐、愉悦的氛围，变得凝重与沉闷。并迅速感染周遭的每个人，使他们情绪不佳、低落、烦躁和易怒等。所以要学着与负面情绪和负能量的强压保持距离，积累并加固自己的正面情绪或正能量，与之抗衡并保证自己不被击败或打倒。

一、紧握情绪自控的缰绳——EQ

人在愤怒时千万不要做决定，因为这时智商为零，一分钟后恢复正常，你是否认同这个看法呢？

人在愤怒时往往做出一些不可弥补的事情。

我想每个人都有感性放纵的时候，虽然知道这是一种不好的情绪状态，却无力改变，只能慢慢去调试。而理性与情商脱不开关系。往往理性的人情商都比较高，在处理人际关系方面有着很高的能力。

的确，一个人在其他方面的能力，比如自我意识、自制力、动机、恒心、尊重他人、社会交往等，才是更重要的。这些能力帮助我们拥有平稳的感情生活、和谐的人际关系，决定了我们的工作成就。所以我们常常说一个好的头脑不只是一个塞满知识的头脑，更是一个知道如何利用这些知识的头脑。

人只有学会恰当地表达情绪，才能在职场、社会中与他人自由自在地相处。我们究竟如何来控制自己的情绪，是不是能够倾听别人讲话，是不是能够正确地对待不同的意见，这是一门艺术。只要我们聪明地对待情绪，情绪就会变成智能。

与社会交往能力差、性格孤僻的高智商者相比，那些能够敏锐了解他人情绪、善于控制自己情绪的人，更可能找到自己想要的工作，也更可能取得成功。情商为人们开辟了一条事业成功的新途径，它使人们摆脱了过去只讲智商所造成的无可奈何的宿命论态度。

多年以来，人们一直以为高智商可以决定高成就，其实，人一生的成就至多只有20%归功于IQ，另外80%则受EQ因素的影响。所谓20%与80%并不是一个绝对的比例，它只是表明，情感智商在人生成就中起着不可忽视的作用。尽管智商的作用不可或缺，但过去把它的作用估量得太高了。

卓越的领导者在一系列情绪智能，如影响力、团队领导、政治意识、自信和成就动机上，均有较优越的表现。情商对领导人特别重要，是因为领导的精髓在于使他人更有效地做好工作。一个领导人的卓越之处，在很大程度上表现于他的情商。

这就是为什么人们不是推举一些特别聪明的人做领导，而是推举一些能关心别人、与人关系融洽的人做领导的原因。相比之下，情商高的人更能为众人办事，也更能发挥群体的积极性。

很多人认为情商也是一种优胜劣汰的选择工具，就与智商一样。但是如果轻易用情商去测试的话是非常危险的，甚至对人的一生都产生不利的影响。比如日本的孩子从小接受智商的测试，被贴上智商高低的标签，他们的一生就此被决定。压力非常大，有些孩子甚至选择了自杀。其实，智商只能预见10%～20%的职业成就。被这样一份测试搞得心情沮丧，实在不值得。

而且我们没有一个恰当的方法去测试情商，因为情商包含的是人的细致入微的感受能力。人们在回答测试题时不一定说出真实想法，对自己的描述也很难做到客观。

假如测试得出总分以后，也很难做出准确的评判。表达情商的五种基本能力未必是相互交叉的。比如，一个人也许有很强的共情能力，他却不会控制自己的愤怒。总之，情商高的人是不会轻易被愤怒所侵蚀的，要想控制好自己的情绪离不开情商的素养。那么应该如何提高自己的情商呢？

根据心理学和神经学的研究发现，每个人都可以提高自己的情商。并且在职场中想要提高自己的情商必须具备这五种基本能力：

（1）认识自己的情绪

随时随地都可以感知自己的情绪，然后依靠自制力去遏制坏情绪的干扰。要用实际的眼光去做自我评价，对自己充满信心。

（2）妥善管理情绪

让自己的情绪有利于工作，而不是对工作产生干扰，在情绪出现波动时能够很快恢复平静。

（3）自我激励

把自己最深层的愿望当作指南针，在它的引导下走向自己的目标，不管是失意还是挫折都坚持不懈。

（4）认识他人的情绪

善于体会别人的感受，具有同情心，能够接受别人的观点，与大量不同类型的人保持友好的关系。

（5）管理人际关系

同他人交往时，能够很好地控制自己的情绪。能够敏锐地判断形势以及人与人之间的关系。做事有分寸。运用这种能力，说服、引导他人，协商解决分歧，懂得与团队合作，能够使团队充满活跃的气氛。

二、情绪周期，男女有别

我的闺蜜刘忻结婚已经六年了。最近她总是跟我抱怨："我老公什么都好，平时没有什么可挑剔的，就是每个月都会有一段时间，莫名其妙地朝我和儿子发火，也不知道是怎么回事？"

其实现在很多女性都会有刘忻这样的苦恼，平时爱护妻儿的好男人，为什么像变了一个人一样对待妻儿恶语相向，这还是自己认识并且生活了这么多年的人吗？

有这种体验的女性不必在意，这是男人们情绪周期中处于低潮期的一种表现。根据男性的心理特征，每位男士在每个月中都有几天心理周期，就像女士的"例假"那样准时，所以不少专家称其为男人的"例假"。

如果妻子不了解丈夫的这个特性，那么双方的爱情就会在这时遭受到莫名其妙的打击。你会觉得，在没有任何征兆的前提下，心爱的男人突然疏远了自己。

他仿佛变得很冷淡，甚至都不愿意多跟你说话，默默地躲在一边，或者看书，或者看电视。当你努力接近他时，他的反应也令你难以接受。如果你以为爱情就此结束，那就错了。事实上，这是男人的周期性问题。既非他的错，也非你的错。

每个人都有一定的生物节律，只不过有些人比较明显，有些人不明显。不少男士一段时间以来的心情烦闷恰恰就是一种心理上呈周期性的"情绪低潮"现象，这是由人的生物属性决定的。一般人的情绪低潮一个月左右出现一次，在这个时期出现心情烦闷、无故发怒等是很正常的。

男士们可以利用半年左右的时间来寻找自己的“例假”规律，在情绪周期到来之前把工作妥善安排好。必要时参加一些轻松活泼的活动以调节自己的情绪。更重要的是，做妻子的此时应该更关心理解丈夫，做好其心理疏导工作，防止给他施加更大的压力。

那么，为什么一个正常人也会出现间歇性地不同程度的心理异常呢？主要有以下三个原因：

第一是在你平时的工作和生活中，总是不可避免地要产生各种负面情绪，当你的“情绪积累”达到一定程度时，很容易出现身心的失衡，这时就需要通过适当的方式来宣泄；

第二是因为工作和生活的压力超过了身心所能承受的负荷，激起了情绪的“抗议”；

第三是天象的影响，比较明显的是“潮汐”，月亮的盈亏会使人的情绪之“海”出现“起伏”。此外，特别的性格、特殊的环境及突发事件也会为心理异常埋“伏笔”。

间歇性的轻度情绪失控、轻度心理异常人人皆有，但每个人的发泄方式却不一样。但是像上述案例中刘忻的丈夫一样把发泄能量指向亲人，具有很大的破坏性，也是一种伤人又伤己的行为方式。

女性在行经前的一个星期左右以及行经期间，都会出现身体不舒适，或者出现种种毛病。比如，腹胀、肌肉关节痛、便秘、食欲增加、容易疲倦、长粉刺暗疮、胸部胀痛、头痛、体重增加等；有些人还会显得沮丧、神经质及容易发脾气等。

这在医学上被称为“经前症候群”。形成的原因有很多，但主要的根源还是荷尔蒙的分泌。一旦在你的体内激乳素、雌激素、肾上腺素等的荷尔蒙出现变化的话，马上就会影响到心理情绪及生理上的改变。建议你可以在日历上记下你的情绪周期，一旦出现忧郁、焦躁不安、想发脾气时，立即看看是否情绪周期出现了。那样，你就可以帮助自己舒缓情绪，冷静平和下来，自在地度过这每月一次的烦恼。

不管是从心理层面还是生理层面来看男女生的情绪表达方式，都存在着差异。在心理上，女生大都较具情感，男生较具问题解决导向；而在生理上，男女的差异，和情绪中心（杏仁核）的发育过程有关。

情绪的成熟是指情绪表达不会以不成熟、冲动的言语行为去处理事情；情绪能力高的人，在面对情绪状况时，有信心与能力达到符合自己与社会的价值规范，尤其大学生正值青春期，是处于情绪容易冲动的阶段；因此，学习如何管理自己的情绪，更是一门重要的学问。

正是因为人类具有感情和理性的两种特性，才让世界变得更精彩，在感性的驱使下，大文豪莎士比亚写出了唯美浪漫爱情故事的人物——罗密欧与朱丽叶，也造就了徐志摩动人的“再别康桥”爱情写照；同时在理性的发挥下，促使了法律、宪政在有逻辑、条理的步骤下迈向民主，把人类推向民主的高峰。

因此，正是在人类感性和理性的交织下，情绪才表现得更为复杂，也是因为两性的生理差异、心理特质、认知思维的不同，而使得男女在表达情绪时有所差异。

男女处理情绪的方式是不同的。在男性青春期，与情绪相关的脑部活动仍然停留在杏仁核区域。语言中心（皮质）与情绪中心（杏仁核）并没有太紧密的联系，所以男性比较无法表达感觉。

在女性青春期，负面情绪的地方会有一大部分由杏仁核向外延伸到整个大脑皮质，所以 17 岁的女孩子可以清楚地解释为什么感到难过。而男性较具成就欲望的导向，所以一般男性脸部表情不多，较不会将情绪直接表达出来。通常会将自己想要的东西说出，但说的又不是很直接，而且女性谈话的速度通常比男性快。

三、戒除强迫症，别总跟自己过不去

我一个朋友的小孩，从小生活在外公外婆家里。他即将参加高考，他说十二年苦读在此一搏。不忍心外公外婆看到他落榜而伤心，他们十二年中为他付出的太多了……

在临近考试的关键时期，他却发现当他要集中思考一个问题时，他的大脑仿佛和他作对似的，一动脑筋，它就会发出指令不许他动脑筋，或者满脑子全是别的东西。

例如听别人讲过的一句话，他就会重复回想，想他讲话的主要内容，想不出来就痛苦，越想不出来就越去想，越想不出来越痛苦；别人做某事的动作过程的细节，自己也会反复去想；对一些淡忘了的往事也常常非要想个清楚，但由于时隔久远，就算想出来也会自我否定，否定后再想，如此循环，永无止境……

他越是着急思维越是无法集中，越是临近考期，矛盾心理越重、越强迫思维越是摆脱不了，造成恶性循环，焦虑万分，甚至想到自杀。

其实这就是现在常常困扰人们的“强迫症”。这个病态心理不仅出现在中学生身上，白领这一群体更是深受其害。

“每次下班打卡前，脑子里老想着，今天领导签字的版面上错别字究竟改过了没？晚上睡觉时也总是想着这件事，做梦有时会梦到考评部的老师在明天的评报上指出了我版面上的错误，我因此被扣罚了当月绩效工资，还被办公室公布出来丢了人。”作为一名编辑的王畅每天都生活在这样的担忧之中。

由于压力过大、追求完美，使得都市人有一些强迫症状。但要注意的是，出现强迫症状大多并不是强迫症，强迫症是一种精神科疾病，多起病于中青年，带有强迫症状的常人与强迫症患者的差别在于，强迫症状的严重度，以及由此引起的心理冲突的程度。而有强迫行为的人，过于专注于细节、规则、计划，属于完美主义者。但是，有时可能会出现僵化和固执，总是期望别人十分严格地按照自己的方式行事。

既然强迫症让人们的生活很痛苦，那么如何调节心理来缓解症状呢？

（1）消除精神紧张因素，改善心理状态

强迫性思维的出现或加重一般都是因为心理紧张或是压力过大，心理处于矛盾的状态。由于强迫性思维难以摆脱从而加重了心理矛盾，导致恶性循环的出现，就会造成人们情绪上的压抑和心理上的痛苦。

所以在人觉得心理压力加重时应该多注意心理卫生，尤其原来就有强迫症状的人更加需要加强预防，这不仅是个人要注意的问题，家庭和社会、亲人和老师、同事也应予以重视，尤其对他们心理支持，指导和帮助他们做好心理调适，往往能阻遏或减轻强迫性症状的出现。

（2）淡化对强迫性思维的恐惧

对于强迫性思维要尽量淡化，顺其自然，不要过多的去在意。或者忽视它，或是淡化它的存在，不要因为强迫性思维加重心理上的恐惧，造成焦虑情绪，千万别认为强迫性思维是多么严重的问题。

不要害怕它，强迫症是只纸老虎，你怕，它就会凶相毕露，你越怕它就越像只真老虎，你不怕它，它也就是一张纸而已，这样会很自然地淡化它所造成的恐惧。忽视它，它就失去市场，它就失去兴风作浪的本领。

（3）转移对强迫症的注意

这种方式其实也是一种淡化，可以把自己的注意力集中在学习、工作或者娱乐上，一旦强迫性思维出现，要及时地去想其他的事情，去从事自己最感兴趣的活动，转移自己对强迫性思维的注意，也就能避免心理矛盾和痛苦。

（4）个性和自我心理调适能力的锻炼

强迫症一般比较青睐于那些心理素质比较差的人。他们往往意志力薄弱，意识和理智对自己的思维活动缺乏有效的控制，也表现为自己心理调适能力薄弱，不容易避免强迫性思维所带来的心理矛盾，无力摆脱强迫性思维及其所引发的恶性循环。克服强迫症关键在于自己。要磨炼自己的个性，增强自己的心理承受和心理调适能力，以期从根本上克服强迫症。

（5）挖根究底

要学会从根本上去认识和领悟，力图对强迫症模式加以修正。你可以在过去的经历中，深刻挖掘导致你出现强迫症的原因，回忆、重现当时的情境和体验，并联系现实重新加以认识尽力予以修正，如有可能可以请心理大夫予以指导，实施精神分析与认识领悟治疗。

以自由联想、释梦、催眠等心理学手段。重视过去的（或幼时的）经历，重新加以对待。

对待强迫性思维和其他神经症一样，治疗要有耐心、恒心，更要有决心。决心越大越能使自己保持意识清晰，越能使自己保持理智，保持良好的心理状态，从而使强迫性思维失去其产生的最基本条件——心理挫折、矛盾和意识的混沌状态，即“意静态”，俗称第三心理状态。

四、换位思考，假如我是你

有一天，我的同事郝芸将文件夹重重地摔在办公桌上，同事们都好奇地看着她，不知道她又出了什么问题。因为郝芸是公司里特别容易出问题的人，她的报告每次都通不过，申请也一样常常不被批准，这一次也不例外，只见她又哭又闹，万分委屈的样子。一直在抱怨："为什么总是针对我呢？"大家对她的反应已经见怪不怪，一位同事提醒她，"为什么你总是认为有人要针对你呢？"

这一句话让郝芸顿时哑口无言，"怎么总是针对我呢？"这样的话你是否也说过？那一刻仿佛自己是全天下最委屈的人，可是你的上司同样在觉得委屈，他明明是指出你的问题所在，却被你看成是针对你的敌人一样。

如果你换位思考一下，比如你是上司，你会对自己现在的工作满意吗？你对自己动不动就怀疑别人针对你的态度不感觉到反感吗？同样的道理，你的上司并不是故意针对你，而是指出你的问题所在，不是故意找你事，更不是故意树敌，只是希望你可以将工作做得更好。

试想一下，你只需要为自己的工作负责，而上司却需要为整个部门或全公司的工作负责，他的压力比你大多了，他为什么要故意跟你一个小职员找事呢？假如你能够这样换位思考，你是不是觉得自己很可笑呢？

人与人之间的相处，最重要的一点就是将心比心。当你将思考角度转向对方的立场上来分析问题，才不会出现偏激的想法。团队合作的气氛非常重要，谁带着情绪都做不好事情。

人在职场，就要试着互相体谅，尤其是白领女性，往往看待问题时比较感性，特别容易感情用事，所以在职场的白领女性要学会控制自己的情绪，处变不惊，冷静优雅，这样才能在职场中立于不败之地。

作为人际交流中维护关系的一种手段，换位思考占据着非常重要的地位。通过这种方式，我们可以从别人的角度来思考问题，了解别人的难处和困惑，然后做出更加理性的判断，从而及时有效地化解矛盾。

当有人冒犯了你，或者做了让你很不开心的事情时，你可以换位思考一下他为什么会那么做，然后做出理性的抉择。千万不要一味地用愤怒和吵架去解决问题。那么如何做到换位思考呢？也许下面的方法可以帮助你解答这个问题。

（1）站在别人的角度来思考问题。当你无法理解别人的举动时，不妨试着从别人的角度来思考和解决问题，来体验他人面对棘手问题时，所采取的合理解决问题的方法。

（2）学会体验对方的生活，深入到别人生活和学习的地方，通过亲身感觉来提高换位思考的能力。由于不同的人其生活环境是不一样的，要想了解一个人，就必须身处于生活环境中，这样才能更彻底地理解对方，从而站在对方的角度思考问题。

（3）加强沟通，只有通过沟通才能了解对方，才能更好地站在对方的角度来思考，也可以通过这种方法来提供换位思考能力。

（4）真诚相待，与对方达成共识，让对方对你产生信任感。同时根据遇到的问题，设法征得对方的意见和建议，这样可以从侧面来了解对方的性格特点，更重要的是，了解对方处理问题的特点和做法。

（5）了解对方的处境，以及对方的性格特点，同时抓住问题的重要矛盾，只有这样才能做到换位思考

尤其是和别人闹矛盾时，就更应该站在对方的角度考虑一下，当问题出现时，应该如何以更加理性的角度出发来想问题。当这样想时，问题就可以得到很好的解决，双方的矛盾就可以及时化解。

五、掌控情绪的 6 个步骤

人偶尔的情绪失控也是在所难免的，但是像上面的这个场景就让人有一种被雷的外焦里嫩的感觉了。

情绪失控是人身体的大敌。当人在情绪失控时，肌肉就会处于紧张的状态，尤其是上臂的肌肉，常常自然而然地攥紧拳头。边缘血管扩张，从而使得颜面发红发热，手掌皮肤温度也随着增高、出汗。同时，呼吸加速，心脏跳动加快，血压升高，血流加快。而经常情绪失控，则对人的心脏、心脑血管都有极大的影响。

另外，情绪失控不同于发脾气。情绪失控是破坏性的情绪变化，它会使身体如临大敌。而发脾气则不同，它是正常的情绪变化，在大多数人看来，发脾气一般都是有伤大雅的事情。但是，最近美国科学家公布的一项研究结果表明，当人感到气愤而想发脾气时，如果能够及时宣泄出来，会有利于自己的身体，也会给长寿带来机会。

既然情绪失控对我们的身体有很大的危害，如何才能掌控自己的情绪呢？其实不管情绪有多痛苦，只要依照下面6个步骤去做，很快就可以打破消极的念头，进而找出脱困的方法。

（1）确认你真正的感受

人们常常陷入一种误区，根本没有了解自己真正的情绪是什么，就一头栽进那些负面情绪里，承受不当的痛苦折磨。

其实何必如此折磨自己呢，只需要后退一步，问问自己："此刻我是什么样的感受？"如果你的直觉告诉你是愤怒，那么再问问自己："我真是觉得愤怒吗？抑或是其他？也许我真正的感受只是觉得自尊心受了伤害，或者觉得自己损失了些什么"。

只有当你真正明白了你的感受只是受伤或者损失，那么它对你的影响就不如愤怒来得强烈。所以只要你肯花时间去确认真正的感受，随之针对情绪提出一些问题，那么就能降低所感受的情绪强度。以客观理性的态度处理问题，自然就能更快更顺手。

（2）肯定情绪的功效

任何事物如果被我们“预设了立场”，那么我们就无法看出它的真貌，而别人善意的建议也就无从接受了。我们要庆幸的是我们的脑子并不是那么冥顽不灵，当受到阻碍时，它就会提供正面的建议，告诉我们有些地方必须改变，可能是认知，也可能是行动。

如果我们信赖情绪，就算并不是对它特别了解，也应该明白它具有帮助我们的功能，帮助我们走出内心的煎熬，于是很容易就会找出问题的解决之道。一味地压抑情绪，企图减轻它对我们的影响不但没用，反而会更加缠着我们。对于一切你所认为的“负面情绪”都应该重新检讨，给它们重新定位。日后当你再遇上相同的情况，那些情绪不但不再困扰你，反倒能带你走出另一片天空。

（3）好好注意情绪所带来的信息

当你被一种情绪困扰时，想要更快地摆脱它，就需要重新认识情绪的真义，用积极的态度去解决问题，让它未来不再发生。

因此当你有某种情绪反应时，要用探究的心理，去看看那种情绪真正带给你的是什么，此刻你到底怎么做才能使情况好转。

当你觉得孤单时，不妨问问自己：“我是不是真的孤单呢？还是产生了误解，其实我的周围有不少朋友？如果我能让他们知道我要去看他们，他们是否也会很乐意来看我呢？这种孤单的感觉是否提醒我该拿出行动，多跟朋友联系呢？”

不妨运用下面四个问题，来帮助你改变情绪：“我到底想怎么样”、“如果我不想这么继续下去，那得怎么做呢”、“对于目前这个状况我如何处理才好”、“我能从中学到些什么”只要你对情绪有真正的认识，那么就必然能从中学到很多重要的东西，不仅在今天能帮助你，在未来亦如此。

（4）要有自信

首先你要有信心，确信情绪是可以随时掌控的。掌控情绪最迅速、最简单且最有效的方法，就是汲取过去曾经有过的经验，然后针对目前的状况，拟出可以让你成功掌控情绪的策略。

如果你现在觉得沮丧，这种情绪以前也出现过，但是当时顺利地消除了。那么你现在可以这么问自己："当时我是怎么做到的？"是不是你拿出了什么新的行动？是出去跑了一趟呢？还是打电话找朋友吐诉一番？如果那一次的方法有效，那么这一次你仍可以重来一遍，你将会发现这次的结果不会差。

（5）要确信你不但今天能掌控，就是未来亦然

要想在未来也能够掌控自己的情绪，那么你就要肯定过去的方法是正确的。因为在过去你已经使用过，并且证明确实有效，那么现在你只要重新拿出来使用即可。你要全心全意地去回想、去感受当时的情景。让怎样顺利处理的经过深印在你的神经系统中。

此外，你要再想出其他三四种可能的处理方法，把它们写在小纸片上，可以不时提醒你自己。这段可能的处理方法包括：改变你的认知、改变你的沟通方式或改变你的行动等。

（6）要以振奋的心情拿出行动

要用振奋的心情，是因为你知道可以很容易地掌控情绪，是为了证明自己的确有能力掌控。千万不要让自己陷于一种使不出力的情绪状态之中。

可能在刚开始时，这六个步骤运用会有点困难，不过像我们学习其他的新鲜事物一样，只要你不时地练习，就会越来越顺手。过去你认为是情绪的"地雷区"，如今便仿佛拥有了探测器，走起来内心觉得十分笃定，每一步都走得那么有把握。

别忘了，处理情绪的哲学："当怪物还不大时，就得处理掉。"当它已经困扰得让你受不了，要想一下子斩断就得费很大的劲。只要你确实认识情绪的真面貌，再加上能有效运用这六个步骤，不用多久就会发现自己在处理情绪上得心应手。

六、利用好关键的 6 秒时差

我的邻居是一位大学教授，平时给人的形象都是知书达理。所有人都无法想象，他居然和家庭暴力联系在一起，有一天，他打了自己的老婆，并且出手很重。

那只是一次普通的吵架，他老婆责怪他太晚回家。他本来认了错，但是用他后来的话说是"老婆实在有些得理不饶人"。

他们的争吵步步升级，起初他一直在忍让，到最后他觉得没有办法了，要想让老婆住嘴的方式就是用武力，他打了她，一巴掌下去，两个人都惊呆了。

老婆没有想到他居然会打自己，而他更没有想到，小时候他最痛恨父亲的家庭暴力，而自己做丈夫后，居然重复了父亲的老路。

那么这些好男人为什么也会在家庭纠纷中行使武力呢？尤其是很多男人小时候，目睹了父亲对母亲的暴力后，一定痛恨这些暴力行为。可是成年后，他们却不自觉地重蹈覆辙。心理学理论认为，这是因为越是生长在从小缺乏爱的环境中，他们越是没有学会用和平爱的方式去解决纠纷。

在情绪平静时，他们可能会压抑自己这种暴力的冲动，并且告诫自己：打老婆是不对的，这样会让别人更痛恨自己。但是在他们的潜意识里，他们还是觉得暴力是最好的解决问题的方式。尽管很多有过暴力行为的男人反映，当他们第一拳打下去后，他们自己都不相信自己居然会做出这样的事情。

其实当一个人失控时，情绪的爆发只是一瞬间的。情绪是一种由我们大脑边缘系统产生的一种化学物质。因为边缘系统不断接受着外界的刺激，所以就会迅速而自动地生成各类情绪。因为情绪是一种自然的生物、生理化学反应，所以它的出现是不可避免的。

更让人吃惊的是，边缘系统的反应速度非常惊人，比我们的“逻辑思维中心”的反应速度快 80 000 倍。所以，当情绪产生的那一刻，它是完全不受我们负责思考的脑皮质（逻辑思维中心）所控制的。这样，我们就可以理解，为什么我们无法完全抛开情绪，小男孩为什么无法彻底脱掉他的恐惧。

虽然我们掌控不了自己的情绪，但是情绪所带来的信息和价值却可以成为辅助我们思考和行动的得力助手，只是，这个时候我们需要耐着性子等待 6 秒。只有在经过大约 6 秒之后，边缘系统才能完成传递情绪信息的过程——将它产生的情绪信息传递给脑皮质，这时，大脑的这两个重要部分才真正有了联系。

在 6 秒之前，我们的情绪没有办法被“理智”影响，这时如果发生了行动，就是出于人类天生的本能，也就是“情绪化”的反应；而 6 秒之后，我们的情绪与思考就可以彼此沟通且综合信息完成“高情商”的决策与行动。

然而 6 秒这个时间点是由我们人类的生理系统所决定的。现在，我们终于可以理解，为什么常能听到阅历丰富的人教导说：“慢一点！不要那么快就采取行动，花点时间想想是不是该这么做。”

七、“裁掉”内心的恐惧

我的朋友赵芳今年34岁，过完春节以后她找了一份财务工作，因为对公司的待遇不满意，于是没有过试用期，她就在亲戚的介绍下跳槽到了另外一家公司做财务兼做领导助理工作。在新的工作岗位上，赵芳对自己的要求非常严格，就算是发一份传真，也要把文稿看上很多遍，再将号码看上多遍，生怕出现错误。

在这个工作岗位上赵芳总是充满了恐惧，害怕同事不能及时完成工作，害怕上司不高兴。有时候上司稍微有一些不高兴，她就会感觉很害怕，认为是自己做得不到位令上司不满意。工作10多天以来，赵芳每天提心吊胆，处于恐惧之中。

赵芳的这种恐惧心理其实源于她的家庭。她成长在一个单亲家庭，8岁时父母离异，她被判给母亲抚养。因为母亲对赵芳的要求非常高，希望每件事情都做得完美。她最难以忘记的是小时候父母之间频繁的争吵，有一天晚上父母都没有回家，年幼的她一个人躲在冰冷的床上，恐惧得无法入睡。

自从参加工作后，赵芳就和丈夫、亲人分隔两地，因此夫妻感情很一般。赵芳于是就将更多的心思放在了工作上，而且因为从事财务工作，她很害怕自己与人过多交谈会泄露公司秘密，所以交往的朋友非常有限，每天都是和数字打交道。

于是这种生活方式让赵芳患上了强迫症和恐惧症，赵芳如果想要改变自己现在的状态，首先要正确看待父母离异给自己造成的影响；其次以自己现在的心态思考现在的生活是否是父母离异所导致的；然后再想想现在的生活和工作是否像小时候所想的那样痛苦。

通过些思考，可以降低赵芳内心的恐惧，然后减少内心的恐惧。另外丈夫作为赵芳最亲近的人，要在生活中给予妻子足够的关心。

每一个人都有个弱点，内心里藏着一个名叫“恐惧症”的小魔鬼，它常常会在你不注意的时候出现，让你对这个世界产生恐惧之情，那么，我们应该怎样战胜心中的恐惧呢?

（1）在心中肯定自己的能力

首先要相信自己的能力，天生我材必有用，学会肯定自己的价值。不妨在工作和生活中给自己定一些小目标，每当我们靠自己的能力完成这些定下的目标时，就会产生成就感，这种方法能让我们保持一个良好的心情，并且会变得越来越自信。

（2）要战胜自己

要知道世界上没有十全十美的人，每个人都有自己的优点，也有自己的不足，所以不要无限扩大自己的优点，也不要肆意扩大自己的缺点。要相信在别人的眼中你也是优秀的，你需要做的是积极大胆地与他人结交，扩大自己的交友范围。

（3）正视内心的恐惧

每个人心中都有自己害怕的事情，这时不要刻意地回避，而是积极地面对。例如：当你不敢看正在跟你交流的人的眼时，可以先注视他们的额头或者鼻子，然后在慢慢地试着去看对方的眼睛，时间长了就不再害怕了。

（4）勇于承认和允许自己的缺点存在

每个人类个体都存在着不同的缺点，因此这个社会才是五光十色的。所以，我们要允许自己有缺点存在，不要去追求十全十美，不妨坦然地说一句“我错了”、“这一点我不如你”。只要做到了这一点，我们就可以随心所欲、自由自在、轻松而自如地拥有和享受生活。

（5）不要害怕让别人失望

每个人都有各自的思想，所以不可能让每一个人都满意，只要我们做出自己最大的努力，就不必介意别人怎么想、怎么看。只要我放开对

自己的要求，才能做到不患得患失，当你对成功不在意时，成功也许就会逐渐走向你并且与你相拥。

（6）积极参加集体活动

集体活动是让自己融入他人的一个好机会，尤其是文体活动。通过集体活动可以让自己枯燥的日常生活变得丰富多彩，更重要的是让自己通过与朋友的自然接触而缓减自我感觉被他人关注的焦虑和紧张，进而达到顺其自然与他人接触的目的。

八、别让多疑成为你身心的“蛀虫”

我的朋友郭超是一个情感特别细腻的人，因此也造成了他的性格比较敏感、多疑。他大学毕业以后就幸运地被一家知名外企录用，他欣喜不已，暗下决心，一定要干出一番成绩。

在公司里他特别注意自己的言谈举止，因为怕稍不留意就会影响到领导和同事对自己的看法。

有一次，他成功地完成了一张设计图，心里非常高兴，于是情不自禁脱口而出：真是太棒了！这时邻桌的同事听见了抬头瞄了他一眼，他立即开始紧张起来，“糟糕！同事一定觉得我太得意忘形了。”又有一次，他无意间听到部门主管与人谈话中提到“新员工”三个字，并且表情严肃，他的心一下就缩紧了，认为一定是说他什么不好的事情。

在上班路上，遇到了一位年长的同事，对方随口说了一句：“年轻人，走路都是昂首挺胸啊！”这时他马上就将头垂了下来，“坏了！这分明是在批评我盛气凌人，不尊重老同事。”

从此以后，只要看到别人脸色不好或两三个人低声交谈，他就担心是不是在针对自己，过分的猜疑让他身心疲惫，感觉周围的环境越来越差，最终选择了辞职。

如果在生活中总是敏感多疑的话，不仅会影响到我们与他人的人际关系，也会影响自己的情绪，更加有可能让我们失去一些发展的机会。

你是不是也曾经因为别人一个冷漠的眼神而郁闷一整天？是否也曾因为别人一句无心的话语而惴惴不安？

要知道，这些都只是别人的态度，也是别人的情绪反映，每个人都有各自的喜怒哀乐，或许这些与你没有多大的关系，你所表现的过分敏感多疑，本质上只是一种心理外投射的反应。

一般来说以己之心，度他人之腹，恰恰说明当事人自信心不足，或是过度追求完美所造成的。

只要做到学会欣赏自己，宽容自己，欣赏他人，宽容他人，就可以与他人进行友好的沟通，不要被猜疑蒙上眼睛，突破自我发展的障碍，当你培养出必备的社交能力，人生的道路将显得从容。

在我们的生活中可能总会出现这种情况，感觉周围好像存在一些不利于你的东西；或者总觉得别人在说你的坏话；或者你总是不相信身边的每一个人。

这种多疑的心理很容易造成人们“心理过敏”，造成这种反应的原因，总的来说有两个：一是因为幼稚与自我感觉欠佳。自我感觉不佳，就会产生很强的自卫意识，于是在头脑中总是有一根严阵以待的防卫神经，不会听取任何意见，甚至还会将别人善意的告诫视为对自己的人身攻击。

二是一些不切实际的期望也往往导致心理过敏。你会希望所有的人对你的意见举双手赞成，然而事实常常不尽如人意，于是，你就会感觉到失望和不满，似乎人人都故意与你过不去，疑虑重重，总觉得别人对自己有看法。这是一种多疑病态的表现。

这种多疑的性格是因为生理和社会两方面的因素影响下产生的。从生理角度来分析，多疑的人性格一般都比较脆弱，神经也比较敏感。从社会角度来说，多疑也跟个体发展过程中的影响有关。在家庭教育中，由于父母的教育方法不一致，在学校里遇到的不适应困难，在人际交往中遭受的挫折，等等，都会使一个人容易处于不知所措的境地，从而使人发展为对人和事的高度不信任，就容易形成多疑性格。

那么，面对多疑这种心理失衡，我们应该怎样应对呢？

（1）要学会用全面的、发展的观点看问题

看待任何问题，不要只看不好的一面，还要看到好的一面。对于不太了解的事情，不要戴上有色眼镜，过早地下结论，这样对人、对事都不公平。

（2）要多与别人沟通

通过与他人的密切交往，可以增进彼此间的关系，对大家的了解也更深入，从而增加彼此间的信任，减少不必要的猜疑。

（3）对别人不要过分要求

常言道“己所不欲，勿施于人”，要设身处地从对方的角度出发，不过分要求别人，多宽容别人，这样就可以大大地缓和彼此间的关系，使得朋友、同事间更能坦诚相对。

（4）培养自己多方面的兴趣

多方面培养自己的兴趣，例如读书、旅游等，从中找到自己的乐趣，摆脱工作中的苦恼，从而使身心得到放松。

（5）增强自信心

要坚信自己是最棒的，每个人都有自己的优点、特色，相信自己并不比别人差，这个世界也有你的一片天。

（6）学会自我控制

学会用理智去控制自己的情绪，有意识地培养自我的诚实度和对他人的依赖感，对于消除多疑的性格很有帮助。

第八章

CHAPTER 08

微行为自控术：瞬间掌控身心

你对你的行为有掌控的能力吗？你是否总是不自觉地做出一些让你后悔的举动。你学会了控制自己的意识，可是身体的自制力却往往贫乏。当坏情绪在你的身体内肆意冲撞时，你的肢体会难以掩饰你的真实想法，本章将为你展示，如何控制自己的肢体语言，让你不再陷入苦恼。

一、停下你无意识的小动作

我的同事赵晓今天要去参加一个非常重要的商务洽谈，这个项目她已经考察了很久，并且非常看好。她一大早就来到公司，做好了各种准备工作，包括很多细节处她都很仔细地检查了一遍。

九点洽谈正式开始，但是赵晓的情绪却突然变得焦躁不安，原来是因为对方的一个主谈人员不时地抖动他的双腿，这让赵晓感觉非常不愉快，就想早早结束这次会谈。

本来可以顺利促成的合作，却让赵晓在经过艰难的心理斗争中持续了很长时间，最后还没有结果，这让赵晓非常恼火。而对方估计到最后也不知道原本可以成功的合作最后却失败在抖腿的小动作上。

在商务场合抖动双腿是一种很失礼也很不雅观的行为，是不尊重对方的表现。而且，让跷起的腿仿佛钟摆似的打秋千，也是非常难看的姿态。

在正式场合应该尽量调整自己的一些小动作，就像案例中的抖腿，应该如何控制呢？在这个场合要身体挺直、保持坐姿端正，如果你意识到自己的动作让对方不高兴，那么应该迅速调整坐姿，并用眼神向对方表示歉意或直接说声对不起。

抖腿大多是平时的坏习惯，如果想要彻底避免这种情况，就要平时多加练习，养成好习惯。

在谈话中不停抖腿的人，一般是为了缓解某种焦虑、不安的情绪。但是如果你坐在别人对面，频繁地抖动或者晃动双腿的话，也会让对方变得心烦意乱。

如果你有这种情绪时，不妨尝试做深呼吸、端起水杯喝口水来缓解。如果仍然感到紧张，可以把紧握的双手放在膝盖上并且把拇指握在里面。

总是紧握着拳头的人，可能是比较缺乏安全感，所以防御意识比较强。他们做人的信条很可能就是人不犯我、我不犯人，人若犯我、我必犯人。

除了缺乏安全感以外，经常握着拳头的人，是能够关心体贴他人、富有同情心而又善解人意的，冲动起来便伴随着咬指甲的行为，这无疑是一种紧张、恐惧的症状，说明这一类人缺乏必要的安全感。

那些经常把手指缠绕在一起的人通常内心都比较矛盾，他们通过这种方式来思考问题。两只手上下不同的放置，也表现出人的两种不同的性格特征。

如果把左手放在上面右手放在下面，说明这个人非常感性，他们会依靠自己的直觉和感性来处理和看待问题。相反，如果是右手放在上面而左手放在下面，说明这是一个理性比较强的人，会依循客观的实际来做事。

可能当我们看见习惯用手指挖鼻孔或是掏耳朵的人，会感觉他们非常幼稚，其实相反他们在思想上还是特别成熟的。他们平时比较喜欢收集和储存各种各样自己认为很有意义和价值的东西，那些东西在他人看来，可能是一堆垃圾。

总是喜欢双手背在后面的人，多是比较沉稳和老练。他们处处小心

谨慎，同时自我防卫的意识也比较强，可以说是时刻做好准备，防备他人的偷袭。

当你看到这里时是不是惊了一身冷汗？你会发现自己许多小动作，通过肢体语言完全出卖了你。甚至这些不良的肢体小动作所传递出的负面信息可能让别人误会你，你也会因为这些不自觉的行为被弄得心烦意乱。从而消融了心灵的正能量，削弱了自控力。

那么接下来，将为你提供一些练习，帮助你使你的肌肉随意归于意志的掌控之中，这样你的肢体行为就可以受到心理能量的控制。

（1）静坐

不要小看这个动作，这不是一件容易的事。因为在一开始就要求你尽最大的能力去克制无意识的肌肉运动，但是在练习以后你就可以达到静坐，而且没有一点肌肉运动。

想要达到这个程度最好的办法是，坐在一张舒适的椅子里，用舒适的姿势坐着，然后全身心的放松，保持 5 分钟的静止。现在你可能觉得很容易，那么接下来要求你坚持 10 分钟，然后增加到 15 分钟。但是要注意不要在这项训练中让自己感到疲惫，不疲惫的方法就是每次训练一会儿，但是要经常进行训练。

一定要记住不能坐得太紧张，一定不要对肌肉施加压力，你必须处于全身心的放松状态。当你经过疲劳的体力劳动后，用这个方法可以得到很好的休息。

（2）手臂锻炼法

保持笔直地坐在椅子里，抬头、下巴往上翘、肩的后缩，这时抬起你的右臂，保持与肩平行，指向右侧。然后转头眼看着手，保持手臂动作一分钟。

左右臂交叉进行，当你可以完全自由的完成这个动作时，时间可以增加到两分钟，然后三分钟，甚至更多。直到你能够保持这个姿势五分钟时，手掌朝下，这是最容易的姿势，然后眼睛紧盯着指尖，你将可以看到你是否能让你的手臂保持相对的稳定。

（3）瓶子练习法

用水填满一个瓶子，然后用手指夹住，伸直右臂到前面。同时眼睛紧盯着这个瓶子，尽量保持手臂稳定不产生明显的颤动。从一分钟的训练开始，然后增加到5分钟，左右手交替进行。

你可以每天安排固定的时间做15分钟的练习，以上三种方式可以交叉练习。在训练时应该保持心态平和并给予自己极大的鼓舞和信心。

二、训练“心灵之窗”的魔力

我们公司因为对一个单子特别重视，委派了谈判专家郭斌带着几位得力助手去与我们的商业伙伴谈判。但是在谈判进行到中部阶段时，突然陷入了僵局。会议室中的气氛变得紧张起来，对方虽然表现得非常随意，但双方都在用眼神较劲。

对方代表团希望我方的条件可以再放宽一点，然而这与我们的预期相差很远。于是有将近五分钟的时间，都没有人开口说话。

突然，郭斌抬起头，用眼神从对方所有人的脸上扫过，最后落在主要对手上，紧紧地盯着对方的眼睛。

对方一开始露出高深的微笑，但是，一秒、两秒……随着时间的流逝，对方终于沉不住气了，说道：“老郭，看你的眼神如此坚定，我想今天我再些什么也是徒劳吧，这样吧，我答应你们的条件，咱们先签一份合同，老郭，我今天交定你这个朋友啦！”

如果想在商务交往和谈判中，处于主动地位，那么就需要像郭斌一样善用眼神的力量。运用眼神的技巧主要如下。

（1）如果你希望给对方留下较深的印象，那么凝视他的目光久一些，以表自信。

（2）如果你想在和对方的争辩中获胜，那么千万不要把目光离开，以示坚定。

（3）如果你不知道别人为什么看你时，那么稍微留意一下他的面部表情，便于对策。

如果你和别人碰面，觉得不自在，你就把目光移开，减少不快。

如果你和对方谈话时，他漫不经心而又出现闭眼姿势，你就要知趣暂停，你若还想做有效地沟通，那就要主动地随机应变。

（4）如果你想和别人建立良好的默契，应 60%~70%的时间注视对方，注视的部位是两眼和嘴之间的三角区域，这样信息的传接，会被正确而有效地理解。

（5）如果你想在交往中，特别是在和陌生人的交往中，获取成功，那就要以期待的目光，注视对方的讲话，不卑不亢，只带浅淡的微笑和不时的目光接触，这是常用的温和而有效的方式。

眼睛不仅是心灵的窗户，更是“发射自控力”的指南针。我们不仅可以通过眼神表达出你的气势，也可以传达出具体的意愿：我想让你坐下、我想离开、我饿了、我希望你离我远点……我们可以通过眼神传递出很多东西，并且非常直观，也没有人会对此表示怀疑。

心理学家做过的实验表明，人们进行视线接触的时间，通常占双方交往时间的 30%~60%，如果超过 60%，则表示双方都对彼此兴趣大于双方的语言兴趣；如果低于 30%，则表示对谈话没有兴趣。一般视线接触时，除了特别亲密的人，注视对方时保持 3 秒左右，如果时间过长会被认为你对他的兴趣大于他的话语，让对方感到不适。

在社交场合，不仅要注意眼神的注视范围，还要注意眼神注视的角度和方法。应该注意用平和、亲切的目光语言，不要过于目光闪闪显得做作，也不要目光呆滞，显得敷衍。

如果与对方有眼神接触时发虚或者东张西望，就会让对方产生一种不踏实的感觉，话还没出口，就先入为主对你有了想法。

下面有一些比较系统的练习方法，如果持续练习就会培养你的眼神，不断提升自己的能量，直到你可以直视对方的眼睛，扰乱对方，而自己不会受到干扰。

方法一：当你走在大街上时，可以将注意力放在你前面那个人身上。保持你们的距离至少 2~3 米，当然更远一点也可以。保持目光坚定、热切、一动不动地盯着他，就盯着他的后脑勺和后脖子看。然后想象他会朝你的方向看过去。需要多次这样的练习，当你在掌握诀窍以后，就会发现自己可以对很多人产生影响力。

方法二：当你在电影院时，可以盯着你前排的人，你们俩的距离依然保持上一个练习中的要求，想象他会转头寻找你的目光。

你将看到，他在座位上开始不安，看起来非常不舒服，然后稍微转过头朝你的方向看了一眼。如果对方是你认识的人，效果会更好。

方法三：可以站在窗前，将目光投向对面走过来的人，同时用你的意志力命令他，在他路过你的窗前时，要他抬头向你的方向看。这些实验对增加你自身的这种能力的信心，并掌握向外发送大脑波动的诀窍很有效。

眼睛是大脑在眼眶中的延伸，就像大脑皮质层一样，具有分析综合的能力。眼神在人的五种感觉器官中最敏锐，大概占感觉领域的 70%以上。对眼睛的正确训练会增强那些用于控制眼睛的力量——意志力。

三、运用恰当的语调

我曾经陪一位朋友参加一个女性的座谈会。当时有一个人发表了批评女性的言论，于是激起了女性们高声嘶喊的反驳，使得座谈会霎时充满了火药味，失去了心平气和讨论的温和气氛，致使会议无法进行下去。

高音调的声音可以说是精神不成熟的表现，当一个人不成熟时，心灵就像是失去控制，仿佛脱缰的野马一般，可以造成各种危害。当人们脑子一热时，就是失控的那一刻，大脑并不是受自己控制的。

每个人都有控制自己的能力，但是在那时一切的理智都被抛到了九霄云外。事实上，通过适当的锻炼，完全可以做到控制自己的思想。引导自己的情绪。这样你的心灵就不会出现紊乱，大脑也不会在关键时期短路，你自己才是大脑的掌控者。

一般来说，不同的语言背景下应该运用不同的语调。例如，当你跟对方谈起高兴的事情，就应该用明朗爽快的语调；如果谈论起忧伤的事时，就用低沉缓慢的语调；需要辩论问题或者给予对方鼓励时，应该使用比平时高出一倍甚至几倍的声音。

这样高低起伏的语调才可以表达出你丰富多彩的内心世界，抒发真实情感。在对他人进行说服时，恰当地运用表情和语调，更能增强你的说服力，直接影响着谈话的结果。

俗话说：嗓音是身体的音乐，语调是灵魂的音乐。根据美国科学家的研究表明，一段话是否被大众接受，内容的百分比仅占30%，讲话者的身体姿势占20%，衣着占10%，而讲话者的语调竟然占到40%。

所以学会恰当地利用你的面部表情和语调，可以增强语言的准确度和感染力，有助于准确鲜明地表达你的感情，增强你的说服效果。

那么在说话的过程中应该怎么把握自己的语调呢？

（1）语速要适中，快慢结合

如果语速过快的话，就会表达出震怒、急切、激昂、兴奋等情感，连珠炮的形式，会让听者产生亢奋的心理和紧迫感。而且语速过快的话，会让听者对你输出的信息接收不上，上句还没反应过来，下一句就到了，来不及思索和消化，因此无法理解你要表达的意思。

反之，语速过慢，一般用来表达悲哀、沉郁、思索等情感。虽然缓慢的节奏，可以使对方细细品味，但是会产生深避感，所以速度太慢也不行，一方面浪费时间，另一方面会使对方提不起精神来，还没有听完你的话，就已失去了兴趣。因此，快与慢应该交替使用，应做到快中有慢、慢中有快、快而不乱、慢而不拖、抑扬顿挫、张弛有度。

（2）适当控制音量

如果说话时老是大声嚷嚷，就会给人一种咄咄逼人的感觉，容易让人的神经过于紧张；一直轻声细语，虽然会使人感到亲切，但是音量过小，就会让人听不清楚，同时在力度上也有所欠缺。

（3）语调要随着感情发生变化

抑扬顿挫的语调可以表达出你的兴趣和热情，灵活准确地传达你不断切换的情绪。声调呆板的表达，就会让人感到枯燥而平淡，甚至产生厌倦的心理。

声音纯正悦耳，对方就会乐意倾听；声音尖细而嘶哑，只会让人感到做作，难以忍受。

那么在说话时，各种语调应该如何表现呢？

① 升调这种表现形式一般是前低后高，在句子的后半句要有明显的升高，句末的音节高亢，一般运用的场合是提出问题、等待回答、感

情激动、句中顿歇、情绪亢奋、宣传鼓动、意犹未尽发号施令、惊异呼唤、出乎意外等。

② 降调的表现形式是先高后低，但注意声音不是明显的下降，而是逐渐降低，句末音节短而低。在口头交际中，降调的使用最为常见，它多用于情绪平隐的陈述句、感情强烈的感叹句、表达愿望的祈使句。

③ 曲调的表现形式由高转低，自低升高，或由低转高，再降低。用于复杂的情绪或隐晦的感情，所以常用于语义双关、言外有意、嘲笑、意外惊奇、有意夸张等处。曲调能表达出幽默含蓄、讽刺的情绪。

④ 平调这种句调变化不大，平稳、舒缓，多用于表达分量转重的文句庄重严肃、冷淡漠然、思索回忆、踌躇不决等情绪的句子。

四、不要轻易伸出你的手指

人在情绪失控时总会做出一些不雅手势造成与对话人之间的“战争”，在小的时候，要与同伴较劲时，常常会伸出大拇指说：“我是这个”；然后伸出小拇指说：“你是这个”。

但是往往除了大拇指外，你把其他任何一个伸向别人，好像都不那么让人舒服。

如果伸出食指指着别人，这就是表示吵架的姿势，如果再颤上几颤，更加显示出对对方的鄙夷之情。对方只要是有点血性的人，就一定会怒从心头起，恶向胆边生。立即展开行动，就算是打个头破血流也不在意。

竖中指在中国并不被重视，但在外国这是一种极其严重的侮辱别人的方式，相当于骂人，这是一种很不礼貌的粗俗的表现。在外国球场上屡次发生。

在平时伸无名指的机会还真不多，主要是技术难度大。不信的话，你可以弯起四个手指，独伸无名指试试——根本伸不直。如果伸不直，那么表达情感时就显得不是理直气壮的。

即使偶尔用一次，被指者也不会觉得是友善的意思。对于小拇指而言，个头最小，并且距离大拇指最远，地位自然最低，但是伸向别人，意味不言自明。所以，除了大拇指，任何一个都具挑衅含义。

按照常理说，对人伸出大拇指是最稳妥的了。一般人都会理解为“你真棒”。

但这也要看做手势的人是什么表情，如果是一副厌恶的神态，撇着嘴，那么就会理解为“好，你牛！我惹不起你，但早晚有一天我会收拾你的，走着瞧！”如果把大拇指竖起来，大头朝下，戳上几戳，就更不得了，意为“你狗屁不是”、“我瞧不起你”，等等。

看来向人做手势，确实是一门学问，里面的门道太多，说法也多。最安全的办法是：不要随便向人做手势。但是如果换个场景，比如是一个牙牙学语的娃娃，把一个手指头伸向你，你有什么反应？不管是大拇指，还是小拇指，又或者是中指、食指、无名指，你或许都会坦然一笑，把他抱起来，亲一下。孩子嘛，可没那么多乱七八糟的想法。

对视的双方，互相已经有了敌意，明白对方是怎么想的，只是通过一个手指头传达了出来。即使不伸手指头，互相轻轻瞟上一眼，也能在瞬间演变成一场惊天动地的战争。

五、脚部小动作暴露你内心的秘密

中午与同事曾黎一起吃午餐时，她颇为感慨地提到了一件事：上周末，她一个人在家无聊，觉得自从上班后太忙，不如趁现在有时间去父母家看看父母，顺便可以蹭顿晚饭。但是又担心老妈为

了给她准备好吃的，太忙活，所以就没有事先通知。

于是曾黎像往常一样到了父母家的楼下，停好自行车，快步走上楼梯。可是还没等她走到三楼，就听见楼梯尽头传来父亲的大嗓门，“开防盗门吧，你闺女回来了。”母亲开门，伸头看见她的刹那，她还没走到家门口呢。进家后，她奇怪地问父亲：“爸，你怎么知道我回来了，我今天又没有打电话。”

父亲轻描淡写地说了一句：“从脚步声中知道的呗，我能听懂你的‘脚语’。”曾黎诧异，要知道她们家这个门洞一层6户，6层的楼怎么也住着百十号人呢？父亲怎么能如此准确地从众多的脚步声中分辨出她的脚步声呢？父亲微笑着说：“哪个父母听不懂自己孩子的‘脚语’啊！”那晚，她和父母聊得很晚才回家。走在回家的路上，她想如果今天不是她去父母家，而是父母亲来她家，她是不是能从纷乱的脚步声中准确无误地判断出哪一种是属于她父母亲的脚步声。

听完曾黎的亲身体验后，大家不免会感慨父母的舔犊之情，更是对“脚语”议论纷纷，那么，到底什么是神奇的“脚语”呢？“脚语”又会传达出什么信息呢？

其实你不妨随意地观察一下周围的人，就会发现每个人在不经意间都会做出一些肢体语言，但恰恰是这些不经意之举准确地反映了人们真实的内心世界。

表现出每个人或是紧张、或是高兴、或是忧郁的情绪。同时脚的动作也是人们不可忽视的肢体语言之一，正是因为它是人们容易忽略的细节，所以可以更加真实地反映人的内心，它比其他的肢体语言更真实、准确。

人的脚步可能会因为某些突发的情况而发生变化，但是每个人都有自己固定的“脚语”。对于熟悉者，你不用看见他本人，仅凭那或急、或轻、或重、或稳的脚步声，就能判断出十之八九了。

假如一个男性内心紧张的话，就会通过增加脚步移动来表达自己的这种情绪。然而女性恰恰相反，如果她们感觉紧张，就会保持双脚不动。

一般来说，“精英”男性和女性的腿脚动作相对较少，因为他们喜欢主宰对话过程，同样喜欢控制自己的身体。

细微表情变化或动作可以表露一个人内心深层的东西，这在心理学上有一定理论依据。但有一个前提，必须是那种不经意间的小动作，起码是在对方毫无防备的状态下作出的自然反应。如果一个人有防备，有意掩饰，就很难辨别他心里的真实想法。

关于面部表情和手部动作的含义，大家应该都已经熟知，然而腿脚其实才是最诚实的部位。越是离大脑远的部位，我们就越不关注它，然而，正是因为这样，人们很少掩饰或伪装腿脚的动作。这意味着，腿脚是最诚实的部位，能够泄露人们内心的秘密。那么，应该注意哪些动作会让我们“泄密”呢？

（1）腿脚轻晃

如果腿脚轻晃或者抖动，但是躯干保持不动，一般表示人们感到不适、不悦和焦虑的心情。这个动作在航站楼，或者会议室和约会现场，都是比较容易看到的动作。所以，如果不想让对方看透你的内心，就要在自己有不适、不悦和焦虑的心态时避免做出这个动作。可以选择找一个地方坐下来，挑选一些阅读刊物，用来遮掩自己的这个动作。

（2）脚踝相扣

如果人们做出脚踝相扣，或者用脚踝钩住椅子腿的动作时，他们的内心发生了很微妙的变化。从某种意义上来说，这个动作和紧咬双唇有着异曲同工之妙，都是人们在努力克制某种消极情绪时不自觉采取的一种姿势，显示了当事人内心的焦虑和警惕。

对于职场人士来说，在谈判或者与人交谈时难免会做出这个动作，

这时要注意，让两腿保持一定的距离，用双手紧握住两腿的膝盖，控制自己的焦虑情绪。

（3）脚尖指向

在人类所有的下肢动作中，有一个很有趣但也容易被人忽视的细节，就是脚尖的指向。很多人都不会注意对方的脚尖指向什么地方，但是它却能够告诉我们很多的信息。例如，人们在稍息时，伸出的脚尖所指的方向，往往就是他们内心所想的方向。

通常，人们会将身体转向自己喜欢的人或事，因此，通过观察脚尖指向，就能够判断对方是否愿意见到我们。如果在谈话时，对方逐渐移开双腿，说明他希望尽快离开。

同样当自己有这种想法时，可能就会被人看穿，那么你就要及时观察自己的脚尖指向做出调整，以免给人不好的感觉，脚尖要指向对方，表示出对对方的话语很感兴趣，这样也会赢得对方的赏识。

六、你的笑肌也是需要活动的

我的闺蜜罗帆进现在的公司已经半年了，可是她从来没有对公司里的人笑过。她说："只要一进公司我就会觉得很压抑，我很怕我的上司，也很怕同事。所以情绪一直就不太稳定，感觉自己一直处在消沉的状态中。"

她不参加公司的任何活动，下班以后就回家。有一天，她也不知道怎么回事，心情觉得异常低沉，本来想下班回家好好睡一觉，但是经理却临时通知她去参加一个非常重要的会议。无奈之下，罗帆只好装出一副兴高采烈的样子跟着经理去出席会议。

在会议上，罗帆不得不装出一副心情愉悦的样子与别人进行交谈，一直是笑容满面、侃侃而谈，让她觉得非常惊讶的是，没过多久，她似乎觉得自己真的是身心愉悦，心情也不再抑郁低迷了。

其实，罗帆之所以会发生这个变化是因为运用了心理学的假装微笑疗法，意思是：让自己处于一种情绪之下，就能让自己产生这种感受。

一般来说，人们都会认为是情绪引起了人的反应。意思是在人悲伤时才会哭，害怕时才会战栗。

但是心理学家的研究表明恰恰相反，人只有在哭时才会觉得伤心，在战栗时才会感觉害怕。这就是说，人的情绪完全可以由你的行为引发。所以，人们可以通过控制自己行为的方式来控制自己的情绪。

你表现出怎样的心情，模仿着怎样的心情，最后往往会得到这样的心情，人们可以通过改变自己的行为来改变自己的情绪。快乐是可以被制造的，所以当你不愉快时，不妨扬起你的嘴角把快乐找回来。

了解控制笑容的肌肉组织的功能对我们正确理解他人的笑容十分重要。因为，以颧肌为主的肌肉组织受我们的意识所控制。在我们的大脑中有一种“反射神经元”。它不仅可以促使大脑识别面部表情和动作，而且可以向面部肌肉发出指令，作出与所见表情相似的面部动作。

换句话说，当我们想让自己看起来显得友好和谦恭时，即使没有让我们快乐的事情发生，我们也可以有意识地命令面部肌肉，制造出笑容。

这种笑容可能是虚伪的，但是如果你能想象自己进入快乐的情景、感受快乐的情绪，这一信号就会传送到你大脑的情感区域，产生一系列舒心愉悦的情感。在有这种情感时，你的嘴部肌肉就会收缩，双唇微咧，面颊提升，同时眼部也会因为肌肉的收缩而产生细纹，眉毛也随之微微下沉，真心的笑容有此产生。

当你感到烦恼时，不妨装出一张笑脸，多回忆一下曾经的愉快时光，用微笑来激励自己。

七、掌控好无意识的嘴上信息

嘴巴是人类面部表情中最富有表现力的一个部位。并且在人的面部器官中，目标比较大，所处的位置比较明显，由于牙齿周围的口匝肌在当初学习有声语言时被训练得十分灵活，所以就会不自觉地做出很多的动作，可以表达出人类丰富的感情。

人们常见的状态：表达喜悦时嘴角上扬，表达痛苦时嘴角下垂，表达惊讶时嘴巴大张等。就算是极其细微的心理变化，也会被口匝肌表达得淋漓尽致。所以，在善于演绎无声语言的面部器官中，它是仅次于眼睛的第二高手。

那么，具体的我们应该从哪些嘴部动作，去把握自己的心理状态呢？下面是一些常见的嘴部动作表达心理秘密的方式，只要在平时注意这几个方面，就可以很好地控制自己的嘴上信息。

咬嘴唇：这是人们释放压力的一种方式，当人们心中有愤怒或怨恨，却又无处发泄时，往往用这种方式来表达自己内心的不满和紧张。

舔嘴唇：一旦人们处于不自在或者紧张的心理时，就会用舌头反复地摩擦嘴唇，通过这种方式来安慰自己，并试图使自己镇定下来。

捂嘴：人们在不经意间说谎或者说错话时，会立刻用一只手或双手捂住自己的嘴巴，想用这种方式关住自己的嘴巴，不让其再说不该说的话。

撅嘴：如果一个人的嘴唇无意识地往前撅时，表明他对对方的说法心存不满情绪或者不同意见。另外，这种动作也常见于爱撒娇的女性，所以要具体情况具体分析。

撇嘴：跟嘴角上扬表示喜悦的方式相反，撇嘴的动作往往表达了人的一种负面情绪。当人们表达悲伤、绝望、愤怒或者不屑、鄙夷时，他们脸上就会浮现出这样的表情。

抿嘴：当人感受到某种压力时，一种常见的反应就是藏起或拉紧自己的嘴唇。嘴唇紧抿是自我抑制的表现，就好像是大脑在告诉我们“紧闭嘴巴，不要让任何东西进入身体里”。

用牙齿咬嘴唇：有些人在跟别人交流时，会用牙齿咬下嘴唇、下牙咬上嘴唇或者双唇紧闭，别人会看出你是一副聚精会神的样子，你也正在认真聆听对方的话语。这种动作对对方来说可以理解成两层意思。

其一是“我正在听你讲话，你说得有道理，我正在思考。”其二是你准备发表自己的意见，不过你现在要整理一下自己的思路，以达到切中要害的目的。

一般人会理解为这种人的分析能力很强，遇事虽然不能很迅速地作出判断，但是一旦做出决定，就很难更改，所以在跟人进行谈判时，要学会伪装自己，不要让对方看出你的心理。

吐舌头：人总会在不经意间露出自己的舌头，舌头提供给我们的信息很少，但是并不意味着舌头不值得被重视。观察一下我们身边的宠物，它们都会用舔舌头来表达自己的感情。人的感情更加复杂，舌头的动作也就更多样了。

人们往往在压力下会舔嘴唇，其实这种方式是让干燥的口舌得到滋润，以实现自我安慰。一旦你伸出舌头就说明你现在倍感尴尬，希望借

助伸舌头这个动作，缓解一下气氛。

儿童吐舌头一般都是顽皮的表现，这个动作出现在成人身上，就有可能表达他逃脱一劫、对自己的庆幸、或者是被人发现正在做某件事情时略感不好意思的表现。比如当你在偷看别人信件时，那封信的主人回来了，你会赶紧把信放进信封，轻拍自己的胸脯，吐一下舌头。这个下意识的动作，似乎是在进行一种隐性的表达，说明终于完事，可以作一个了结，吐吐舌头，松口气。

既然嘴巴的动作可以表示出这么多层意思，那么控制自己的嘴巴不要轻易泄露内心的想法就非常重要，千万不要让你的嘴巴随随便便做出一些有悖于和谐相处原则的动作。

八、“不好意思，我迟到了”——守时真的那么难

我的表弟最近跟他的女友分手了，女友哭天抢地地说表弟有了新欢。但是天地良心，他们分手的理由其实很简单，就是因为表弟受不了女友老是迟到的坏习惯。

他们是经人介绍认识的，据表弟说刚开始谈恋爱那会，都是约好地点，下班后直接碰头，但她老是晚点。对此，表弟有点反感，但是介绍人说：女孩子是在考验你对她的爱。

但是随着时间的推移，也不知道是她变本加厉，还是考验表弟的忍耐力，变得越来越不守时。于是表弟在买了车后，每天早上去她家楼下接她上班，但她总是不按说好的时间下来，结果上班路上不停地催表弟快点开，怕上班迟到。结果有一次，心慌意乱，追了人家的尾，全责，表弟忍不住迁怒于她，怪她不早点出门，两人不欢而散。

表弟抱怨说："你想想，上班迟到，约会迟到，无论和她约什么时间，她总是磨磨蹭蹭、不紧不慢，再好的耐性也被磨掉了？而且，每次迟到，都没有合理的理由和真心诚意的道歉。后来我想，我在她心中的位置可能还没那么重要，于是就提出分手。潜意识里我认为，守时，是尊重和重视对方的一种表现。"

那些总是迟到的人在面对大家的指责时，往往由原来的不承认到最后的承认，心理一直在不停地发生着变化。经常迟到还总是找各种借口，这确实让人接受不了，那么，他的这种爱迟到的心理，又究竟是如何的呢？

那些总爱迟到的人往往被划入"不靠谱"的行列。守时对很多人来说是轻而易举的事，但是对另外一些人来说却是一个无法克服的难题。

其实迟到有很多种含义，但每种形式的迟到都有一个共同点，那就是为了让自己因迟到而"引人注目"。迟到者往往选择以迟到来自视高于别人，毋庸置疑，别人在等待中会不断地想到自己。

同时迟到也可能反映的是一种恐惧，害怕面对众人的恐惧，一个人独处的恐惧，一种对空缺的恐惧等。然而经常迟到的人，大多数也是为了追求完美。

陷入低估自己、缺乏自信的境况会令他们感觉痛苦，所以为了逃避失败，他们就不得不躲开与别人进行比较的场景。再三的迟到其实就是一种焦虑的表现，这种焦虑往往来自希望工作和家庭都非常成功的压力。

从人际关系角度来说，迟到真的不是一个好习惯，不仅浪费了对方的时间，而且把自己推入"不靠谱"行列。所以，假如你是个爱迟到的人，现在就应该行动起来，对自己这一习惯加以约束。就从现在开始吧！

（1）想一下你迟到时的感受

当你在众人面前迟到时，你的心理是什么感受？惶恐还是内疚？如

果你的答案是，那么你还有改变的机会；如果你认为自己的迟到理所当然，显然你已经把这种行为当作自己的一种权力。

（2）换位思考

就是把自己放在一个“等待者”的位置上。如果你被迫等待一个不知道何时才会出现的约会者时，你内心是什么感受？如果当你体会到无奈、愤怒甚至开始斥责对方的这种行为时，你也就体会到了尊重他人的重要性。

（3）学习安排时间

习惯迟到的你不妨制订一个严格的时间表，将其贴到你可以随时看见的地方，对每一次的约会给予重视。并且善于利用手机的提醒功能，留出足够的时间去赴约。

（4）请求朋友监督

如果你决定改变自己迟到的习惯，不妨告诉自己比较亲密的朋友、爱人，甚至可以在某个常去的论坛中宣布自己改变迟到习惯的决心，制订严密的计划，从平时的点滴小事做起。在达到目标时，要及时给自己奖励（物质的或者精神的）。

九、靠身体姿势保证你的自控力

前面所讲述的那些控制行为都是需要耗费意志力的，那么有没有一些小举动不需要你付出太多的意志力，而且可以是“自控力”的生产者呢？

这就需要你好好研究一下身体的动作和姿势了，好好观察它们的过程并认识到它们的意义，然后有意地去利用它们来提高我们的身体自控力，一旦获悉了这个秘密并且加以利用，我们就会受益匪浅。

（1）身体姿势之一——伸伸懒腰：疏通生命力的管道

你如果仔细观察就会发现，伸懒腰这个动作，一共需要两步：第一步，舒展四肢；第二步，回缩或绷紧四肢，跟舒展的方向正好相反。做完这两个连贯的动作，你会觉得更加舒服。

在这个让身体舒展的过程中，似乎是在让什么东西畅通起来，就好像管道堵塞之后，必须疏通一下一样。然而在这个疏通的过程中，很容易导致肌肉和细胞的生命力不足，而打哈欠、伸懒腰这些动作都是在疏通生命力的渠道。这是强大的身体自控力的秘密，这也是有些人身体自控力强大的原因。

那么，真正的自控力强大的人在做什么？他们是否在等待管道堵塞时再去疏通。显然不是，他们总是能让管道一直保持畅通。细心观察那些气场强大的人会发现，通过打哈欠和伸懒腰的动作，也是消除疲惫最好的办法，拥有强大自控力的人就是在无意识中利用了这些姿势。

（2）身体姿势之二——挺直腰板、绷紧腰部：挤出生命力

身体内的脊柱是连接大脑和身体的最大渠道，里面全是神经束，弯曲的脊柱会让人感觉死气沉沉；骶神经同时也是人身体上神经组织最密集的地方，我们必须通过收紧的腰部，把骶神经从里面的生命力“挤”出来，这就是为什么士兵总是被要求挺直背和提臀的原因。

（3）身体姿势之三——昂首挺胸：吸收正能量

人什么时候看着有精气神，那就是在昂首挺胸时，这是一种天赐的身姿。但是由于我们平时的不良影响，比如长时间伏案玩电脑，加上人们的恶习，不懂得及时调整，久而久之会出现一些形体毛病：比如臀部下坠、走路拖沓等。

这些身体姿势不仅让人看起来邋遢，还会缺乏活力。昂首挺胸对人是一种积极的心理暗示。龟缩的体型是一种示弱、抵御性和消极应对的

表现，而时时注意修正挺胸还能保证大脑敏捷的思维、良好的记忆，避免“脑衰”。

昂首挺胸是增强自控力必备的身体姿势，也是提升正能量明显的标志。想象有一根绳子系在你的头顶将你向上拔。这有点儿像我们中国古语“头悬梁锥刺股”的感觉。

（4）身体姿势之四——收紧小腹：增强元气

我们都参加过军训，在军训时教官都会要求我们提肩、挺胸、抬头、提臀，还被要求收腹。很多人都觉得这种要求很莫名其妙。

其实肚脐是人体任脉上的要穴，也是身体中神经最为密集的地方。为任脉上的阳穴，命门为督脉上的阳穴，二穴前后相连，阴阳相合，是人体生命能源的所在地，所以，古代修炼者把二穴称为水火之官。肚脐四周是人的元气所在，如果小腹向下垂，就会漏气。

即便是大腹便便的人有时也会有意识地收紧自己的腹部。你可以随时让自己的小腹做内向和向上的运动。例如，在走路、乘车、午休的时候进行收腹演习。将注意力集中在腹部，尽力收紧，感受仿佛肚脐切近后背，保持这种状态 15 秒。

第九章

CHAPTER 09

潜意识自控术：找回失去的控制力

人们总说恶习难改，但有没有想过这是为什么呢？原因是这些东西已经在我们的潜意识中根深蒂固。然而我们的显意识无法感知到它的存在，所以无法对它采取措施。解铃还需系铃人，想要找回你失去的控制力，只有主动地去改变潜意识，才能让你真正成为自己的“主人”。

一、给潜意识下达指令

下面这个故事是摩菲博士（世界著名研究精神法则与潜意识权威）个人的亲身经历，有一位非常爱女儿的父亲，他的女儿不幸患上了难以医治的皮肤病，虽然已经接受了医生的治疗，但是病情依然毫无进展。这位父亲内心就非常着急，很强烈的祈愿："如果能把女儿的病治好，我愿意奉献我的右臂。"

两年后的一天，这位父亲带着全家出去郊游，发生了车祸，结果他的右臂折断了。但令人感到不可思议的是，他女儿的皮肤病与关节炎，却同时不药而愈。

这是因为我们的潜意识本身并没有判断能力，于是就会照着接受的方式实现出来。它不仅实现在祈愿的人身上，同时也会发生在别人身上。这种现象，我们只能解释为潜意识会超越个人的意愿，而对他人产生作用。

那么，究竟信念的力量有多大呢？这是谁都无法计量的结果。你可能也从电视、报纸等媒体的传播中看到过人类曾经创造了很多生命奇迹的真实故事。例如，人在沙漠中遇险，却能生存下来；遭遇地震后，在饥饿、干渴中挑战生命的极限……

这些事情有一个共同点，那就是当人处在绝境时，他们都是依靠着信念，才可以存活下来。人的行为都是受到信念的支配，你想要做出什么样的成绩，关键在于你的信念。

如果一个人总是在心里不停地埋怨自己，我不行！那么很难想象，他会在今后的人生中做出怎样的成绩；反之，如果一个人总是在心底深处不停地鼓励自己，我能行！那么他在人生中获得成功的机会就大。人只有相信自己，才能成功。

人的信念是所谓的意识和潜意识，一般人学习时，是运用意识的力量。然而，世界潜能大师博恩•崔西曾经说过："潜意识的力量比意识大三万倍以上。"所以，任何的潜能开发，任何的希望实现，都要依靠我们的潜意识。

那我们应该怎样运用我们的潜意识呢？

运用潜意识的第一个方法，就是不断地想象，改变自我内在的一个影像和图片；

第二个方法，就是要不断地自我暗示，或是所谓的自我确认。每当我们想要实现任何一个目标时，就不断地重复地念着它。

假设我们想要成功，就念我会成功，我会成功，我一定会成功；假设我们想赚钱，你就念我很有钱，我很有钱，我一定会很有钱；假设我们想要自己的成绩提高，就告诉自己，我的成绩不断地提升，不断地提升，我的成绩一定会不断地提升；假设你想存钱，就不断地告诉自己，我很会存钱，我很会存钱，我很会存钱。

这样不断地反复地练习，反复地输入，当我们潜意识可以接受这样一个指令时，所有的思想和行为都会配合这样一个想法，朝着我们的目标前进，直到达到目标为止。

很多人试了这个方法，没有效果，原因是他们重复的次数不够多。影响一个人潜意识最重要的关键，就是要不断地重复，不断地重复，再一次地重复，大量地重复，有时间随时随地不断地确认你的目标，不断地想着你的目标。这样的话，你的目标终究会实现。

二、勾画清晰的精神意象

什么是潜意识，潜意识就是向你的身体发出指令，让你拥有无限的能量。通过一些方法来实现结果，解决问题。如果一个人给予自己的潜意识越是清晰，它就越能给人带去更多的帮助。操控潜能量，让你的潜意识转化为奋斗的目标，并且始终保持这样的想法付诸行动，你的目标终有一天会实现。

你的目标越是清晰和肯定，潜意识收到的信号就越是清晰，而且潜能量也就能迅速地出发，帮助你实现目标。这就好比是一艘船，你是船长，当你向舵手发出指令后，舵手会按照你所指示的方向前进；但是假如你的指令不够清晰，舵手自然也就不知道向那个方向前进，这艘船就只能停在原地或者毫无目标地游荡。

所以你要做的就是，让你的理想看起来非常清晰、美丽，并且宏伟壮观。在你的理想成为现实之前，必须先在心里描绘这幅愿景蓝图。

也就是说你需要想象你的未来，这个时候你不需要考虑建设这幅蓝图需要的成本和材料，什么都不要顾虑。除了你自己，任何人都不能限制你奔向前程。

如果你想要这幅蓝图清晰明了、轮廓鲜明，就要将它深植于心，并设计出实现它的方法。这样有一天你迟早会成为那个“你想成为的人”。你必须先让你的潜意识明白你想要什么，必须引导你提供一种实现目标的力量。

建筑师在建造一座大楼前，都要在心里先描绘出大体的结构，无论是高还是矮，他都要在设计自己的图纸时，将组成这座大楼的各个部分的材料以及如何建造它们进行标注。

同样发明家在发明过程中也使用了同样的方法，当脑子里有新创意出现时，他们会先把这个想法创造成精神意象，因为他将不得不花费时间反复修正缺陷。当你知道了自己内心真正想要实现的愿景目标时，潜意识就会帮助你朝着这个正确的方向和目标前进。

那么这个愿景的形成过程包括哪几个阶段呢？

首先，要为自己的理想描绘出一个具体的画面，即“理想化”。这是最重要的一个步骤，因为这是你在勾勒理想蓝图时的基调。要注意的是，这个理想必须切实可行，不能天马行空。

如果你的脑海中还没有明确的理想目标，那么请坐到一个位置去，认真思考，直到在你心里有了一个清晰的理想。

也许在刚开始时，你脑海中的画面会很模糊，但是它会逐渐成形；先是轮廓，然后是细节。当理清理想后，进入第二阶段。你必须更加详细地涂画自己的愿景蓝图；不要放过任何一个细节，因为构成理想的方法和途径都是由细节组成的。当这些都顺利完成以后，你就可以进入实现愿景的最后一步了，这个建设过程也就完成了。

假如你能做到这一切，你就会对自己的人生理想拥有更坚定的信念。这种信念会使你对自己充满信心，这种自信又会产生耐力和能力。你还会形成专注力，它将使你排除杂念，执著于目标。

在精神意象形成以后，你需要不断地确认，进行自我暗示。如果你想成功，就想着我一定会成功；假设你想赚钱，就可以想着我很有钱，我很有钱，我一定会很有钱；假设你想让自己的业绩得到提升，就告诉自己，我的业绩会不断地提升；假设你想减肥，就告诉自己，我一定可以瘦下去。

只要这样不断地进行练习，反复地输入，当你的潜意识可以接受这样的指令时，你所有的思想和行为都会配合这样一个想法，朝着你的目标前进，直到目标完成。

三、善用冥想消除嫉妒心理

曾经深受嫉妒心理迫害的肖萌现在非常后悔。“我知道我们俩再也回不去了，我们曾经是最要好的职场伙伴”，她说，“刚开始我只是有点羡慕她，没想到后来愈演愈烈，直接就怨恨了起来。”

年龄相仿、几乎同时到公司入职的肖萌和艾娜，由于性格相似很快成了好友。她们在工作时合作无间，工作之外也成了知己。然而改变却由一次奖励开始。

艾娜为人处世八面玲珑，因为深谙与上司的相处之道，于是在去年的年会上获得“最佳员工奖”，成了部门的“红人”。从此以后，她的举手投足开始发生微妙的变化，与同事说话的语气也开始强势起来——当然，这一切或许都是肖萌自己的感觉。

“不知道为什么，我总觉得她和以前不同了，仗着自己受到上司的重视，说话做事样样带刺，让我难以接受。”肖萌说，“后来终于有一次，我们因为工作上的小分歧，大吵了一架。”

肖萌承认当时自己是有点借题发挥，趁机释放心中对艾娜的“羡慕嫉妒恨”。结果，两人争吵得不可开交，甚至还当着同事的面，把对方生活中的“小秘密”抖了出来。结果可想而知，曾经惺惺相惜的两个好友从此交恶。

有很多人都产生过跟肖萌一样的心理，然而在嫉妒的心理背后所隐藏着的是什么呢？那就是难以启齿的沮丧与愤怒。另外嫉妒心理的产生与心理落差密切相关，具体分析可以分为两个原因：外部因素和内部因素。

外部因素主要包括组织公平感，即分配公平。在分配中，当现实与理想存在较大差距时，必然造成攀比，内心会产生严重的不平衡体验以及对他人的反感，造成人际关系的紧张。分配公平是基础，领导公平是推动力，领导的鼓励和支持给予员工以希望，反之，就会造成恶性竞争，嫉妒心理更会不断蔓延。

此外，嫉妒心理产生的根本原因还与个人性格有密切关系。一般来说，低自尊者的嫉妒心往往会更强，高自尊者的嫉妒心一般较弱。

在日常的工作和生活中，嫉妒心理常常发生在一些彼此水平不相上下有竞争关系的人身上。这样的较量，只会让双方都产生两种压力，正压力和负压力。可以善意、积极地回报对方，不给对方造成身心威胁的，可以称其为正压力；然而消极、恶意地嫉恨对方，并由此害了“红眼病”，给对方的身心造成威胁的，就称其为负压力。

而嫉妒心就是通过这种对比产生的一种负压力。人在嫉妒心的驱使下，往往不能自控地产生排斥的想法，不理智地做出一些伤害别人的举动。就像好斗的公鸡，总去攻击别人，诋毁他人。因此，嫉妒是人际交往中的心理障碍，它会限制人的交往范围，将朋友变成敌人。

那么，这种坏心理有办法去除吗？其实只要你找对了方法，一切都会变得很简单。

（1）尝试利用早上、中午和晚上的时间，让自己放松躺在椅子里，闭上眼睛，集中精力休息一分钟。

（2）找一张纸，在上面列出你觉得曾经不公平对待你、伤害你的人，或者将你怨恨的人的名字写下来。在每个人的名字旁边，写下他曾经对你做过什么，或者你仇恨他的理由。

（3）现在闭上眼睛，放松，逐个想象每一个人。尝试跟每一个人进行交谈，向他们解释你过去的愤怒和不满，但是你现在会尽可能的原谅他们，让你们之间关系得到缓解，并且祝福那个人，对你们之间的冲突表示释怀。

（4）在完成这个过程以后，在纸上写下："我现在对你们都释怀了。"然后将纸条扔掉，象征你将这些过往通通放下了。

（5）现在给自己一些积极的暗示，比如："从现在起，心态平和、快乐和美好，将成为我生命中主要的色彩，对此，我心怀感恩。"

（6）从此以后，不管嫉妒的心理什么时候出现在脑海，都要友善地让它们离开，让思路回到你刚才酝酿的祝福语当中。

（7）现在可以睁开眼睛，慢慢走动，结束练习。

可能一开始这个方法对你不会产生强烈的作用。请不要在负面情绪过于强烈、过去积压的情绪还未完全释放之前强迫自己去消除嫉妒之心。

克服嫉妒心理，关键是要对嫉妒心理有一种正确的态度，敢于直面嫉妒。嫉妒是不可避免的，这可能是人类的一个弱点，我们对此不必大惊小怪，因为这样有助于我们保持冷静的头脑，并通过努力来不断提升自我能力。

我们要分清楚，羡慕和嫉妒是两种非常相似但又截然不同的复杂情感。它们都包括失望、悲伤、羞愧等多种成分。

但羡慕往往指更正向的情感以及更多的愉快体验，并希望自己也早日获得同样的成果，是成长和竞争的一种重要动力。而当羡慕一旦发展出攻击性，就会演变为嫉妒，最终可能会伤人伤己。

如果有了嫉妒心理，我们可以尝试是否能将嫉妒的程度“降低”一些，转用羡慕的眼光来看待周围的人和事，以宽阔的胸怀和谦虚的态度来接纳自己和他人。嫉妒对他人没什么影响，但对自己身心的损害却是无法估量的。

四、合理释放意识中的渴望

有这样一个寓言故事：有一天，苏格拉底来到一个小城镇，他看到一名铁匠正在抡着手中的大锤打造一把长矛，于是苏格拉底走到这个人身边对其说道：“你如此卖力地打造兵器能养家糊口吗？”

这个人好像没有听到苏格拉底的话，而是继续打造着手中的长矛。苏格拉底继续问道：“你打造长矛是另有目的吗？”只见这名铁匠停下手中的活儿，看了一眼苏格拉底，然后非常平静地说道：“总有一天，我会用这把长矛赶走侵略者，当上国王。”

苏格拉底当时并没有在意这名铁匠说话的真实含义，便转身离开了。五年过去了，苏格拉底在一次偶然的机会再一次来到这个小镇，当他走到小镇的中心地带时，看到一队骑兵浩浩荡荡地走过来。苏格拉底见走在队伍最前面的是一位身披战甲、手拿长矛的男子，他发现这个人正是五年前在这里打造长矛的铁匠。这让苏格拉底吃惊不小，于是他走向前想询问这名男子。

这名男子也认出了苏格拉底，用友善的言语说道：“嗨，老朋友，还记得我吗？我们第一次见面就在这里，可当时我只是一名铁匠，但我曾对你说过，我要用手中的长矛赶走侵略者并当上国王。如今，我已经实现这个目标了。怎么样？没有想到吧？”说完他微笑地看着苏格拉底。

其实，这个人之所以能从一名铁匠跃升为国王，很大程度上与其内

心的潜意识有关——在潜意识能量的带动下，这名铁匠激发出自身的潜能，最终使自己的人生发生了质变。

相信自己能取得成功，往往就可以成功。人类的心灵通常会由意识和潜意识两部分组成，当自身的意识在做决定时，潜意识也做好了准备。也就是说，一个人的意识决定了“该做什么”，而潜意识则将“如何实现”梳理出来。

其实从那些成功人士身上可以发现，虽然他们成功的方式各不相同，但有一点却是相同的，那就是他们善于运用潜意识的力量来实现自己的梦想。有人将潜意识称为改变命运、收获梦想的引擎。当一个人潜意识里下定决心去从事某一件事情时，这个人就会在潜意识能量的驱动下，克服重重阻碍，最终改变自身的命运。

我们想做的每一件事，每一个行动下面都隐藏着我们的渴望。如果我们迫切地想做一件事，那么自然而然的就会想方设法去完成它，抓住它周围的每一件可能帮助我们实现这个目的细节。更重要的是，我们头脑中的潜意识也会自动地进行工作，而它的努力也能让我们挖掘出很多有价值而且非常重要的想法。

这种渴望不是被动的选择，而是主动寻求的改变。如果一个人所处的环境变得愈加难以忍受，那么在他的潜意识中就会出现“我受够了这一切——我要做出改变”的念头，这就是渴望的主动性。

如果一个人一直处于我想要改变的情况时，那么所有的兴趣和注意力都会被投入到他下决心要做的事情当中，他潜意识中的焦虑和不满就会转化为渴望和兴趣，并且坚定自己一定能做出改变的信念——然后就会看到改变的发生。

不管你做什么事情，你首先要产生强烈的渴望——想要变得有足够的吸引力，渴望必须要非常强烈。渴望微弱的人只能为自己吸引到非常少的利益。你的渴望越强烈，你在行动中就会表现出更强大的力量。

你可以取三四张卡片，想一想你最渴望的事情，当你得出答案并且坚信其中有你的最高渴望时，就在其中一张卡片上方写下对它的口头描述。一两个词就足够，比如："一份高薪水的工作"、"一所自己的大房子"或者"一辆非常拉风的车子"。

接着在剩下的卡片上写最初的那张卡片上的口头描述。一张放在你的钱包或手提包里，一张放在床头，另一张固定在穿衣镜或者梳妆台上，再拿一张放在办公桌上。

通过这种方法可以让你一天二十四小时看到你的渴望目标。你在晚上睡觉前和早晨醒来后用这种力量集中思想。但是不要满足于一天、两天的时间。因为这种方法想象愿望的次数越多，愿望就会越快地被实现。

刚开始时，你可能不知道怎么运用这种方法才会有成效。不用为此担心，把这个问题交给潜意识，它有自己制造联系和找到你从未想过的手段和途径的方法。你将从最出人意料的来源得到帮助，对完成这个计划有用的主意将会在你出人意料的时机出现。

在你的脑海中也许会突然冒出某个念头，例如打电话给一个你很久没有联系的人，或者给一个素未谋面的人发邮件，你也许会冲动地去听广播或看报纸，不管那种念头是什么，听从它就可以了。

五、克服羞怯，就要接受羞怯

我的朋友徐冰向我诉苦说："我到现在还是没有办法让自己在公众场合侃侃而谈，心理相当挣扎，因为我没法战胜这种羞怯

感，由于这个原因，我的职业生涯被断送了。”他今年已经40岁，就是因为羞怯，10多年来三次拒绝升职。

从大学毕业以后，徐冰就参加了现在的工作。在这个与人事相关的岗位上显得相当的低调，也受领导重视。领导多次想为他提供升迁的机会，可是他却总是拒绝。

在刚参加工作时，由于他的工作突出，就被拟任为人事主管，一次外派参加一个重要会议，回来后要在公司大会上传达。结果，他坐在主席台上，面红耳赤地憋了很久都没说出一句话，大会现场冷场了近3分钟后，徐冰假装胃痛难忍尴尬地“逃”出了会议室。

此后，每当单位领导找徐冰谈话，准备让他升职时，他就以身体健康问题、无法胜任为由推掉，实在推不掉，就干脆辞职。去年推掉一个总监的岗位，已经是徐冰第三次这样了。

羞怯通常是逃避社交的一种原因，其表现形式也是多种多样的。我们在日常生活中，常常会看到这样的现象：害羞的人在路上碰上熟人会选择另一条路走；有的人不敢在大庭广众之下讲话，一讲就会脸红舌硬。

通常来说，怕羞心理的形成跟儿时缺乏父母的抚爱或跟外界接触的比较少有关。这类人大多都是性格内向，气质属于粘液质型、抑郁质型或两种类型的混合型，神经系统较脆弱，女性往往多于男性。

害羞心理的形成，不仅跟人的气质特点有关，还跟环境和教育的作用有关。比如，当取得好成绩时没有获得奖励，而没有成绩时会受到惩罚，这样环境下成长的孩子大多是害羞的；如果父母在社交上是积极的，则他们的孩子大多不会羞怯，这就说明了家庭环境的作用。

害羞的心理在日常生活中对与人交往有很大的阻碍。这是因为有害羞心理的人会过多地约束和拘谨自己，而很难与人建立亲密的关系；因沮丧、焦虑和孤独导致性格上的软弱和冷漠；因怕羞而怯懦、胆小和意志薄弱。

怕羞心理会随着年龄的增长和交往增多从而逐渐减轻。如果到了婚恋年龄还怕见生人，不敢与人接触和交往，这就变成一种病态心理。那么到底如何来克服怕羞心理呢?

（1）要有自信心

对害羞的人来说，千万不要因为自己有短处而自卑，应该多想一想自己的长处，要相信天生我材必有用。克服害羞心理最重要的是培养自信心，相信只要兴致勃勃地干，自己的能力必定能发挥出来。

（2）不要在乎别人的闲言闲语

如果你仔细分析一下，那些不敢在大庭广众之下说话或者羞于与人打交道的人，会发现，他们最怕别人否定的评价。于是就会越怕越害羞，越羞越怕，形成一种恶性循环。其实，“哪个人后无人说”，被人评论是正常的事，不必过分看重。有时，否定的评价还有可能成为激励自己的动力。

（3）讲究锻炼方法

开始练习说话时可以先在熟人范围里多发言，然后在熟人多、生人少的范围内练习，再发展到生人多、熟人少的场合，循序渐进，逐步增加对羞怯的心理抗力。每到一个新场合之前，事先作好充分准备，增强信心，提高勇气。

（4）学会自我暗示法

当到达一个陌生场合感觉紧张时，可以用心理暗示来使情绪保持镇定，比如你把陌生人当成熟人看待，害羞的心理就会减少大半。只要你勇敢地讲出第一句话，随之而来的很可能就是流利的语言了。用自我暗示法突破起初的阻力，是克服羞怯的一种有效措施。

只要你敢于对怕羞说“不怕”，并敢于在实践中克服它，就会走出羞怯的低谷，成为落落大方的人。

要正确认识并承认“羞怯”是自己的弱项，勇敢面对他人的长处，这样当别人注意到你的短处时，才不会紧张或刻意地掩饰自己，才能采取随和的态度，也只有这样，你同别人的关系才能更加密切而友好。

首先必须学会尊重别人，不要给别人一种傲视一切、高高在上的印象，这样，别人才会喜欢你并乐意与你交往。

否则，整日孤芳自赏，尽管主观上想克服羞怯，但终因客观上的碰壁而走回羞怯的老路上去。其次，为人要热情、开朗，做出乐于与人交往的表示。否则，终日沉默不语，别人便不愿打扰你。

只有善于并乐于表达，并使别人在与你的交谈中获得乐趣，别人才愿意与你交谈，你也才能从羞怯的阴影中摆脱出来。平时，要留心他人的行动和爱好，了解对方对什么样的话题、行为最感兴趣。这样，与人交往时就能投其所好，使人觉得你容易接近，容易成为好朋友。

六、卸掉“完美”的负担

有一次，我跟闺蜜周梅约了各自的男朋友在车站见面，准备一起去春游。我到了车站，两位男士已经等在那里了。

我脸上的淡妆和一袭新衣让这两位男士眼睛一亮，不约而同赞美了一番。十分钟后，周梅匆匆赶到，从发型到皮鞋，打扮得极为精致，我们三个人不由得开始称赞她。但是走近后，周梅的表情却让我们感到紧张。

她指着漂亮的裙子一脸不高兴地说：“刚出门就不小心弄脏了，赶快回家去换，却发现带错了钥匙，给老妈打电话，又一直占线……”经她指点，大家才看清裙摆确实有片污迹，就一致安慰她，不明显，她依然非常漂亮。可她总觉得那片脏尤其别扭，一路上时不时提起，抱怨自己不小心，抱怨两串钥匙太相像，抱怨妈妈单位的电话，脸色阴沉难看，弄得大家都没玩好。这件小事在一般人看来，根本不会成为一个问题，可是由于周梅太过于追求完美，不但自己心里很不愉快，搞得大家也很扫兴。

“就算是遇到火灾或地震，我也得化好妆再跑出去。”你听到过这类的话或者身边有这样“视妆如命”的女性朋友吗？你也许会觉得奇怪，这些人到底是怎么想的，她们本身的相貌并没有什么可挑剔的啊！

其实这些人只不过是对自己要求过高，在她们的潜意识里一直不懈地追求完美，她们的表现之一就是过分注重外表。而这些人就是我们常说的完美主义者。

在日常生活中，我们常常看到很多的完美主义者，他们的表现各有不同：有的人不允许自己在公共场合讲话时紧张，轮到自己发言时就拼命克制，可是越是想克制就越严重，于是形成了一种恶性循环；有的人对自己的工作要求完美，一定要比别人做得好，可是经常把自己累得够呛，工作却并不像自己想象的那样成功。

这些想把生活中的每一件事都做得非常完美的人，一般不会是一个强者，他们缩手缩脚，患得患失，害怕缺憾。完美主义的问题正是由于“恐惧缺憾”，害怕令人失望以及避免感到内疚。这也是一些完美主义者追求完美的内在动机。

完美主义的思想是一把“双刃剑”，利弊同在，可能一方面它是促使人不断向上的动力；而另一方面过于强求完美同样也是一个沉重的包袱，在过多的现实压力下，完美主义者看到更多的是自己对现实的无能为力，因此会陷入急躁、自卑、甚至急功近利的怪圈。

它不仅使完美主义者本人觉得痛苦，这种个性也会影响周围的人，比如，一位具有完美主义性格的上司，可能对下属的要求也会超乎标

准，把办公室的气氛搞得紧张兮兮；或者是有完美主义倾向的父母对孩子有着超乎常人的标准和要求，反而使孩子产生了自卑心理，自闭倾向；又或者你拥有一个完美主义的妻子，要求你事事尽善尽美，既要能力超群，能适应公司CEO到管道修理工的所有工作，又温柔体贴，照顾自己每时每刻的情绪变化，这样的丈夫常常觉得无所适从，怎样也不能令对方满意，这就埋下双方矛盾的根源。

其实想要摆脱完美给你生活带来的负面压力和影响，也非常简单，下面就是一些行之有效的小方法。发散你的思维，也许你会更快地找到全新的生活。

（1）学习过一种健康的生活

挑选自己喜欢的方式进行锻炼，或者养成晨跑的习惯，健康的身体和红润的脸色会让你比上任何妆都更美丽；在闲暇的时间不妨远离城市，让自己回归到大自然的怀抱，要学会享受阳光，热爱生活。从心理上承认有不完美才是真正的人生。

（2）别对自己过分苛刻

在工作上不要对自己太苛刻，不妨定一个“跳一跳，能够着”的目标，只要对得起自己的努力和良心，不用太在意上司和同事对自己的评价。

否则面对别人的评论你会心力交瘁。不用去在意周围每一个人的感受，还是要有点“我行我素”的气魄。

（3）适时放松和排解不愉快

当一个人情绪过分紧张和焦虑时，就会影响他们解决问题的能力；而生活本来就是无常的，所以应该学会放松，调节自己的情绪，保持生活的规律和睡眠的充足，以饱满的精神状态面对并解决问题。学会倾诉和寻求帮助来排解不愉快，生活中绝大多数人都有一颗助人为乐的心，找一个听你诉苦的朋友不会是太难的事。

（4）不要让自己的完美主义倾向变成负担

每个人都有一点完美主义的倾向，但是并不需要太过担心。应该看到完美主义的你也是有着众多的优点，比如严格自律、意志坚定、执着、仔细周到、计划、秩序、组织性强，这些优点只要发挥得当，不要只重细节而忘了主要目标，你绝对是一个训练有素的出色员工，应有足够的信心去面对工作上的压力。

七、不要给心灵描绘“恐惧”的颜色

我在10岁的时候，跟父母一起到游泳池玩，可是不小心掉进了水里。因为我从来没有学过游泳，所以就算我挥舞着胳膊，还是感觉到自己在一个劲地往下沉。我当时很想喘口气，可是嘴里全是水。最后，终于有个男孩发现我落水了，他跳进水里把我拉了上来。那种被黑色的水包围的恐惧感，一直存在我的脑海中。这段记忆根植到我的潜意识中，之后很多年我都害怕水。

后来，一位朋友跟我谈起这种不合情理的对水的恐惧感。

“你再到游泳池里去看看吧，”他跟我说，“你看看水，它只是一种氢氧化合物。它没有意志，也没有意识，但是你却两样都有！”

我点点头，却不知道他接下来要说什么。

“一旦你明白了水实际上是被动的，”他接着说，“就使劲大声地喊：我要控制住你！我要用我思想的力量来征服你！然后就下水去学习游泳吧，用你内心的力量去征服水。”

我按照他说的去做了，当我心中有新的态度时，万能的潜意识就会做出回应，它会给我力量、信仰和信心。于是潜意识让我克服了对水的恐惧，征服了水。现在，我每天早晨都会去游泳，既锻炼身体，也是一种娱乐。

每个人最大的敌人就是内心的恐惧。恐惧可以导致失败，疾病，使人际关系恶化。有成千上万的人害怕过去，害怕未来，害怕衰老，害怕精神失常，害怕死亡。但其实要知道恐惧只是你内心的一个想法，真正让你感到害怕的只是你自己的思想。

如果你骗一个小男孩，告诉他在床底下有个恶魔，晚上睡觉的时候会把他带走，他很可能会被吓坏。但是当小男孩的父母打开灯，让他看看并没有什么恶魔时，他就不再害怕了。

因为恶魔原本就不存在，但是小男孩却以为它真的存在，所以才被吓坏。当他看到他想象的东西其实并不存在时，他就不再害怕了。同样的道理，大多数人害怕的东西其实只是他们心中许多可怕阴影的集合，而阴影的本体是不存在的。

伟大的哲学家和诗人爱默生曾经说过："做你怕做的事情，恐惧就肯定会消失。"当你主动宣称要战胜恐惧时，心中就会下定决心，释放你潜意识的能量，潜意识就会对你所想的做出回应。那么如何利用潜意识来克服恐惧的心理呢？

（1）去做你害怕的事情，经过一段时间，你就会发现恐惧感消失了。这时你就十分坚信地对自己说，"我要掌控这种恐惧感，"那么，你就能做到。

（2）恐惧其实只是你心里的一个消极的想法。所以用一个积极的想法去取代它，恐惧会毁了百万人的生活，但是自信比恐惧更强大。

（3）打消恐惧的想法，你可以向心理暗示相反的反向去想，比如，"我唱得太好听了；我心境泰然、心如止水、心平气和。"通过这样你会收到难以置信的效果。

（4）正是恐惧导致你在考试时忽然发作“提示性失忆”。想要克服这个问题，你可以不断重复肯定地对自己说，“我对我需要知道的所有事情都记得清清楚楚”。想象一个场景——你的一位朋友祝贺你获得了绝妙的考试成绩。坚持这么做，你将会通过考试。

（5）如果你对封闭的环境感到恐惧，比如电梯。你就可以在心中想象自己位于一座电梯中，同时真诚地为电梯的所有部件和功能祈福。你会惊奇地感到，这种恐惧很快就消失了。

（6）你生来只对两件事感到恐惧，对坠落的恐惧，对噪音的恐惧。其他的恐惧都是后天习得的，所以摆脱它们吧！

（7）正常的恐惧是无害的。不正常的恐惧都是有害的、消极的。经常性地沉湎在恐惧的想法中，会导致不正常的恐惧、强迫症、变态心理，所以要抵制不正常恐惧的侵袭，用正能量、积极的想法来应对。

（8）如果你了解到你潜意识的力量可以改变环境，可以使你心中所怀的祈望成真，那么你就可以克服不正常的恐惧。立即将你的全部注意力投入到你的祈望上，它就是你恐惧的对立面。它就是驱走恐惧的爱。

（9）如果你害怕失败，那么就把注意力关注在成功上。如果你担心患病，心中就不断想像完美的健康。如果你担心会出事故，就寄希望于上帝的指引和保护。如果你担心死亡，把永生想一万遍。上帝就是你的生活，而现在他在保佑着你。

（10）正视你的恐惧，将它们放在理智的灯光下审视。学着去漠视你的恐惧。这是更好的克服方法。只有你自己的想法可以困扰你。其他人的闲言碎语、评论、威胁构不成任何影响。力量就在你心中，当你的想法关注在真善美上时，上帝的力量会支持你这些美好的想法。

（11）世上只存在一种创造性的力量，它和谐地运作着。在其中并无分歧和争议。爱是其源泉，这就是为何上帝的力量支持你美好的想法。

八、别让惯性思维束缚前进的脚步

有一天，我跟朋友到乡下游玩。看到有一位老伯把一头大水牛拴在一个小小的木桩上。我觉得很奇怪，于是走上前，对老农说："大伯，这样它会跑掉的。"

老农呵呵一笑，语气十分肯定地说："放心吧，它不会跑掉，以前就是这样的。"

我感到迷惑，忍不住又问："为什么不会呢？这么一个小小的木桩，水牛力气很大，只要稍稍用点力，不就拔出来了吗？"

这时，老农靠近了我，好像怕牛听见了一样压低了声音说："我告诉你，在这头牛小的时候，我就把它拴在这个木桩上了。刚开始时，它不是那么老实的呆着，有时撒野想从木桩上挣脱，但是，那时它力气小，折腾了一阵子还是在原地打转，见没法子挣脱，它就蔫了。

后来，它长大了，却没有心思跟这个木桩斗了。有一次，我拿着草料来喂它，故意把草料放在它脖子伸不到的地方，我想它肯定会挣脱木桩去吃草。可是，它没有，只是叫了两声，就站在原地呆呆地望着草料。你说，有意思吗？"

我顿时明白了，原来，约束这头牛的并不是那小小的木桩，而是它自己用惯性思维设置的精神枷锁。

人生又何尝不是如此。有些人总是用一种定式思维去经营自己的人生，结果，怎么也走不出自己为自己设置的牢狱，终生与成功无缘。

那么，惯性思维是如何形成的？靠什么来控制呢？答案是：潜意识。

通过潜意识可以锻炼人的惯性思维，那是一种在自然放松的状态下表现出的一种本性。而且潜意识可以直接影响我们的意识，从而决定我们的思维方式，进而影响我们的行动。

惯性思维其实是生物进化的产物，对于我们适应环境有很好的帮助。惯性思维是人们为了高效、自动地处理常见问题和事务而采用的一种节省心理资源的心理机制。

但是，对于新问题、新事物，假如仅仅依靠惯性思维，就会造成心理资源的缺乏，没有办法真正解决问题。那么，这个时候就需要突破惯性思维的框框，在旧概念和新概念之间“造出一条新路”，来解决新问题，认识新事物。这个过程，就是“创新思维”的过程。

那么，我们应该如何突破惯性思维的屏障呢？其实有很多种方法可以采用：

（1）加一加

在面对新事物和解决新问题时，突破惯性思维的方法是在原来的解决之道上加一些东西，看看会不会有新的效果。比如，最早的行李箱都是手提的，东西少的时候无所谓，但是东西多的时候，特别是装着书或饮料等，箱子会变得很重，力气大的男性都不堪重负，别说是娇弱的女士了。

然而，如果在箱子底下装几个轮子，把“提箱子”改成“拖箱子”，那么是不是就会容易很多。大箱子可能拖起来比较容易，但小一点的箱子就得猫着腰拖，那依然很费劲，那么不妨再在箱子上加个伸缩拉杆，问题不就圆满解决了。

（2）减一减

跟加一加正好相反，有时我们可以在原有物上减一些东西，才能解决新的问题。比如：Intel 的 CPU，不管是当年的“奔腾”还是现在

的“酷睿”，都面临着成本太高，售价高昂，低端市场被竞争对手蚕食的局面。

后来这个问题反映到了技术部门，技术部门通过减少集成在硅板上的二级缓存的数量，从而降低了工艺难度，减少了生产成本，使得这种“简化”版的廉价处理器迅速占领低端市场，相信说到这里大家一定已经知道了，这就是“赛扬”系列处理器。

（3）变一变

这个时候可以从别的事物上加以借鉴，改变原有方法中的某些方面，从而找到解决之道。例如，现在的高速列车，假如一直采用轮轨技术，那么最高时速就会受到轮轨摩擦的影响，不会超过每小时 400 公里。

于是工程技术人员从飞机上得到启发，想办法让列车“飞”在轨道上，只剩下空气阻力，理论上最高时速可以和飞机相当。后来科技人员又从磁铁同性相斥的特点得到启发，让列车通过电磁作用“浮”在轨道上，就能以比较成熟和廉价的技术，解决让列车“飞起来”的问题，于是上海的磁悬浮列车，速度很轻易地就达到了 450 公里/小时。

九、潜意识是人心中的暗房

当年我跟我的同学米娜，准备一起到一个风景美丽的地方过圣诞节。但是我们路过一个奢侈品商店时，米娜对其中一款西班牙的皮革挎包心动不已，眼神中流露出无比的向往。可是一看价格标签，她不得不大喘一口气，劝说自己：“这么昂贵的皮包，我可买不起。”

不过她马上想起了我们在课堂上学到的有关知识，于是重新告诉自己：“千万不能让负面的想法变成现实，一定要让正面的想法出现，让奇迹在我的生命中发生。”

米娜看着橱窗里面的商品，开始对自己说："那个包是属于我的，我在精神上接受了它，我的潜意识已经看到了我获得它的那一幕。"

后来在米娜跟未婚夫的一次约会中，她的未婚夫请她到餐厅共进晚餐。席间，未婚夫拿出了一个包装精美的礼物。米娜屏住呼吸，开始拆掉礼物的包装。多么神奇啊，礼物竟然和当初那个让自己心动的皮包一模一样。她让自己的内心充满了对这款皮包的期待，并让这个想法深入到潜意识之中，接下来的事情就是潜意识令人惊奇的成就力在发挥作用了。

米娜后来告诉我说："其实我当时并没有钱买那款皮包，可是现在这包却的确属于我了。我现在已经知道应该怎样去寻找财富了：一切财富其实早就藏在我的内心，我现在只需要把它们挖出来就好。"

我们每一个人都离不开潜意识。它就仿佛一个冲洗胶片的暗房，你在生活中的所有状态，都是由这里冲洗出来的。

因此，今天的你并不是由你的姓名、父母、金钱、房产、塑造出来的，而是由你的信仰。通过它一点一滴的浸透，将你的生活通过一幅幅图片展现出来，最后，将现实生活中的你塑造成了潜意识中的那个你。

其实潜意识只是一个理想中的角色，它不分对错，远离一切善恶是非，你的一切习惯，不管对自己利弊如何，对它来说都是可有可无的。真正发生作用的一直都是你内在的思想，而不是那些外在的习惯。

因为我们在不知不觉中已经把各种负面思想添加到潜意识里，时间长了，直到某一天，我们会突然发现，那些阴暗的思想已经充斥了我们的日常生活，并且占据了我们人际关系的每一个角落。事实上，现实生活中的麻烦事都是一点点积累起来的，直到最后质变才爆发出来，无一例外。

所以想要改变你周围的世界，首先要做的是改变自己的内心，这就是所谓的“诚于中、形于外”。只要你接受潜意识理论就会发现，过去潜意识对你造成的那些伤害实在是无足轻重。

其实只要我们仔细想一想就会发现，改变自己的生活并不难，难的是改变一个人的心。有了这样的思想认识就意味着，你已经开始一段建立积极人生态度的愉悦之旅。

你会发现让人惊讶的是，你童年时期所建立的信仰和行为模式，现在依然存在你的内心之中，它们偶尔会浮现，并且影响着你的生活。我们每个人都有这一类来自童年的思想和信仰，它们早已被意识忘掉，只能藏身于我们潜意识暗房的某个隐秘的角落里。知道了这一点，也就明白了为什么你需要从现在开始，对自己的潜意识加以照顾和培育了。

比如，你深信坐在电风扇前面太久，就会得斜颈病，那么你的潜意识就会让你出现斜颈的症状。其实这并非由于电风扇的作用，它只不过引起了一种无害的气体分子的高频率震动。之所以会让你感到不舒服，是由于你这么相信。

又比方说，你的办公室里有同事感冒，你便开始害怕得感冒。于是，你的恐惧成了一种可以自我实现的内心活动，也就是说，你所害怕和相信的事情会成为现实。最后你发现，办公室别的同事因为不相信会被传染，所以平安无事，而你却不得不独自在家休息养病。

可能你现在就会想，那么治愈的力量又是来自哪里呢？那必然跟潜意识也逃脱不了关系。假如在你的潜意识中存在这种真理，那么这种真理就会投射到外部世界。你的潜意识接受了这种真理，那么你就真正拥有了一种能够治愈创口，并使心灵平静的潜意识动力。

其实所谓的祈祷，就是让自己去顺应内心更高的行为准则。驱动汽车的其实并不是液体的汽油，只有变成气态，汽油才能在发动机里燃烧。如果想成为一个有能力的人，那么，从现在开始就必须改变自己。首先改变你的内心，然后你的行为和外部世界都会随之改变，成为你所心仪的样子。

除了治愈之外，你的潜意识暗房也是你财富的源泉。秘诀是，只要先让自己的内心富有起来，随后你会在现实生活中得到同样丰富的财富。

现在，你正在日渐成为一个心理法则的学生，你应该选择毫不怀疑地相信，让财富的理念深入你的内心，把财富的照片放进潜意识暗房，那么，不管经济形势是好还是坏，不管股票市场如何上下波动，不管战争和其他社会事件如何层出不穷，你都能过上富足的生活。要让你的潜意识相信，金钱会永远按照你的需求流入到你的生活中来。

第十章
CHAPTER 10

意志力自控术：专注的自我调节

在你的头脑中储藏着巨大的能量，但是很少人能够认识到这一点，懂得驾驭的人更是少之又少。而想要驾驭这股力量离不开一种至高的境界，那就是专注。必须在一个特定的目标上聚集你的精神能量，排除一切杂念，只需要一点练习，我们每个人都能够很好地让大脑中的精神机器为我所用。

一、训练你的意志力

年轻时的洛克菲勒最初在石油公司工作时，被分配去检查石油罐盖有没有自动焊接好。这是整个公司最简单、枯燥的工序。半个月后，洛克菲勒忍无可忍，他找到主管申请改换其他工种，但被回绝了。

无计可施的洛克菲勒只好重新回到焊接机旁，既然换不到更好的工作，那就把这个不好的工作做好再说。洛克菲勒开始认真观察罐盖的焊接。他发现，每焊接好一个罐盖，焊接剂要滴落 39 滴，而经过周密计算，实际上只要 38 滴焊接剂就可以将罐盖完全焊接好。

经过反复测试、实验，最后洛克菲勒终于研制出“38 滴型”焊接机，这节约的一滴焊接剂为公司节约出 5 亿美元的开支。

年轻的洛克菲勒就此迈出日后走向成功的第一步，直到成为世界石油大王。职业发展没有捷径，洛克菲勒亦如此，对于想拥有个人事业的职场人来说，付出耐心是通向成功的不二法门。

当我们在做一件自己非常喜欢的事情时会激情百倍，可是，这样的激情不可能随时都有，这就需要考验我们的意志力。

想要做好一件事，大部分人的经验都是要持之以恒，有太多的人告诉我们要坚持到底，坚持不懈，可是，从来没有人教过我们应该怎样做才能保持意志力，所以往往我们都会因为时间的推移使我们的意志力被摧毁。

二、增强意志力的秘诀

现在就来分享一个增强意志力的办法，让我们学会抓住自己内心最真实的一面，找到最初的目标，排除一切困扰，一起来试试吧。

专心呼吸是一种非常简单的冥想技巧，这个方法不仅可以训练大脑，还可以增强意志力。它可以减轻你的压力，指导你的大脑处理内在的干扰（比如欲望、冲动、担忧）和外在的诱惑（比如声音、气味、画面）。根据最新的研究表明，固定的思维训练可以帮人戒烟、减肥、排毒、保持清醒。无论你“要做”和“不要”的是什么，这种5分钟冥想都能帮助你增强意志力。

现在我们开始吧！

（1）原地不动，安静坐好

可以坐在椅子上，双脚平放在地上，或者盘腿坐在垫子上，背挺直，双手放在膝盖上。冥想时一定不能有烦躁的情绪，这是自控力的基本保证。如果你想挠痒的话，可以调整一下胳膊的位置，腿交叉或伸直，看自己是否会有冲动但能克制。简单的静坐对意志力的冥想训练至关重要。你将学会，不再屈服于大脑和身体产生的冲动。

（2）注意你的呼吸

现在闭上你的眼睛，如果你害怕睡着，可以盯着某一处看，比如盯着一面白墙，但不要看家庭购物频道。注意你的呼吸，吸气时脑海中默念吸，呼气时脑海中默念呼。

当你发现自己有点走神时，重新将注意力集中在呼吸上。这种反复的训练，能让前额皮质开启高速模式，让大脑中处理压力和冲动的区域更加稳定。

（3）感受呼吸，弄清自己是怎么走神的

几分钟后，你就可以不用再默念“呼”、“吸”了。试着专注于呼吸本身，你会注意到空气从鼻子或嘴巴进入和呼出的感觉，感觉到吸气时胸腹部的扩张和呼气时胸腹部的收缩。不再默念“呼”、“吸”后，你可能容易走神。

像之前一样，当你发现自己在想别的事情时，重新将注意力集中到呼吸上，如果你觉得很难重新集中注意力，就在心中多默念几遍“呼”、“吸”。这部分的训练能锻炼你的自我意识和自控能力。

刚开始时，你每天锻炼 5 分钟就可以。等到这个习惯养成以后，请试着每天做 10~15 分钟。如果你觉得有负担，那就减少 5 分钟。每天做比较短的训练，也比把较长的训练拖到明天要好，这样，你每天都会有一段固定的时间冥想，如果你做不到，可以对时间进行适当的调整。

冥想不是让你什么都不想，而是让你不要太分心，不要忘了最初的目标。如果你在冥想时无法集中注意力，别担心。你只需要多做练习，将注意力重新集中到呼吸上。

三、不要让你的注意力跳来跳去

我的同学艾拉是一名网站编辑，每天的工作就是海量筛选信息，然后进行整合。现在微博也很盛行，每天除了整合资讯外还要发微博、转播微博。另外，还要泡泡论坛，看看是否自己错过什么热点信息。

每天像自己工作的电脑一样，在大脑里尽可能地装入更多的信息，最后这件事没做完就忙那件事，丢三落四，注意力非常容易被转移到另一处。

职场白领注意力不集中已经成为一种非常严重的“职业病”，并且这种症状已经影响到正常的工作。根据最新的研究报告发现，在受访的 8 000 名职场人中，只有 18.5% 的人可以完成当天单位里面布置的工作。

有的人认为这是由于职员没有认真对待工作，总是三心二意的结

果，对工作没有一个严格的计划和规划。也有人觉得应该归因于企业，企业应该帮助员工制定职业发展规划，员工才会勤恳工作。

任何事情的起因都是由外因和内因组成的，起主要作用的还是自身的因素，所以首先要做的是改变自己。

（1）改变你自己的风景

你办公的电脑，你的手机，和你的办公室立方体之间，每天被复制的生活让你觉得了无生趣，这可能会导致你的心思飘荡。要多走出办公室逛一逛，给自己换个空间。

（2）让你的经理来帮助你

可以多提出一些建议给你的顶头上司，具体的、谦虚的解决方案。例如，与其抱怨你需要一个安静的工作环境，不如改为询问你是否能在会议室空着时在那里工作。或要求每周与你的老板安排一次例会，并不是说你需要什么帮助，而是为了要展示你的工作积极性。

（3）随身携带笔和便笺纸

在平时注意做笔记，把需要自己解决的事情记录下来，然后一步步去解决。对于那些注意紊乱的人来说，不能随时把事情牢记在心，这种问题被称为“工作记忆”。如果觉得本子和笔已经过时了，那么请使用你的手机，甚至把语音通话变成短信，语音邮件转换成文本消息。你也可以要求人们把细节发送到一个快速的电子邮件中。

（4）给所做的事情留出足够的时间

在办公室里，其他人常常要依赖于你及时地完成一些事情。所以按时完成这些任务是必须的，以免给他人造成不便。在对每一项任务规定时间时，不妨多预留一些时间，所以开始一定不要做错误的承诺。

（5）寻找自己的最佳应对方式

每个人处理问题的方式都不同，所以要因人而异。让你的工作适合你，有时最好大声读出一份报告，在一个大的白板上分析数据，用计时器在互联网上做研究，这样你不至于掉入一个黑洞。

（6）庆祝你的成功

对于注意紊乱的病人来说，可能有一个非常低的挫折耐受力。常常感到沮丧，可能会让你觉得你的工作做得很差，即使实际情况并不是这样。定期审查你做的正确的事情，可以帮助你更清楚地了解自我价值。

（7）找一个工作伙伴

无论你是自雇人士或是在一家公司工作，寻找一个合作伙伴甚至一个团队一起参与工作可以帮助你坚持到底。如果你在家工作，作为一个自由职业者，你可以考虑加入其他人的办公空间，可以让他们帮助你坚持完成工作任务。

（8）选择一个你非常感兴趣的职业领域

这对一个刚刚毕业的人来说是一个非常明显的小诀窍。

兴趣可以使注意力高度集中，这是多动症默默无闻的优势之一，从而可能会带来最佳的绩效表现。

（9）获取专业的帮助

不管你是否被诊断为患有注意紊乱，所有这些技巧都可以帮助你集中注意力，但医生或教练可以帮助那些挣扎的人专注于一个计划上。有些人误以为药物治疗只是针对上学的时候，毕业之后就应该停用了。但是找一个教练帮助是极其有益的，这些专家可以根据你的情况和你的工作环境专门为你制订计划。

四、一次只做一件需要集中意志力的事

我每次回家时，都会在火车站咨询室的门口，看到非常多的人挤在那里。而我的闺蜜何莉就在火车站的咨询室门口工作，

她每天都要接待大量的人群，这些来去匆匆的旅客们常常抢着问自己的问题，并期望能够立即获得答案。

但是何莉并不感觉紧张，而是常常镇定自若地应对大量缺乏耐心和态度粗暴的旅客。当我看到她面对浩荡的人群镇定的样子，就会问她如何保持冷静不出错，她只会淡淡一笑说："一次只招待一个旅客就好了。"

有一次，她面前出现了一个又高又胖的男士，他的衣服已被汗水湿透，满脸焦虑与不安。由于周围人太多太吵，何莉不得不倾斜着身子，以便能听清他的声音。她认真看着这位先生问："你要去哪里？"

这时，有位富态的太太试图插话进来。但是，何莉旁若无人地继续问这位先生："你要去哪里？"

对方说："春田。"

何莉继续问："是××的春田吗？"

对方纠正说："不，是××的春田。"对方需要的答案早已刻在何莉的心上，她马上回答说："那班车是在30分钟后，在第八站台发车。你慢慢走，你的时间很充足"

对方确定地问："你说是第八站台吗？"

何莉微笑着说："是的，先生。"

那位先生转身走开了，何莉立刻开始接待下一位客人——富态的太太。但是，没多久，那位先生又回来问站台号。"你刚才说是十一号站台？"这一次，何莉只把注意力放在富态的太太身上，而不理会这位先生。这位先生并没有生气，他耐心地等着何莉回答完那位太太的问题，然后来解决自己的问题。

就这样，虽然每天的工作很繁杂，可是何莉在人群中的身影始终镇定自如。

很多时候事情就是这么简单，一次只做一件事。你就可以从繁杂的事物中解脱出来。如果总想让自己的工作高效而简单，而结果往往既不高效也不简单。

所以，当你感到力不从心时，不妨把精力集中起来放在眼前的事情上，只做这一件就可以。

习惯同时做很多事情的人，很容易让注意力涣散，并陷入不能自拔的焦虑情绪之中。这类问题困扰人类已经太久了。由于现在的信息更新快，每天映入我们眼帘的是层出不穷的信息，致使我们喘不过气来，同时又不能区分优先次序，于是导致了注意力缺失的出现。

想要集中注意力的时候，反而会被分散，容易冲动、着急上火，还会感到内疚，觉得自己力不从心。就会认为自己应该减少睡眠时间，工作更努力一些，但是这样一来，大脑的情况只会更加糟糕。

你也许会认为，你的意志力来自不同账户，一个用于饮食，一个用于思考，一个用于运动。但其实他们都来自同一账户。而且一旦使用过度就会出现自我损耗。如果你贪心地想让生活同时发生几个变化，但是往往一个都发生不了。

例如，一个想戒烟的人，如果把自己的注意力全部放在戒烟上，或许可以成功，但是如果在戒烟的同时想要戒酒，那么这两件事情都会以失败告终。

假如你一直处于完不成目标的状态，你不应该去埋怨自己的意志力不够坚定，而是去清理一下你的任务清单，因为上面的项目太多了，没有一个人会有那么多的意志力可以同时做到。

如果你决定将能量用于工作上，那么你就可能没有理想的戒烟效果。因为你只有一个意志力供应线，任务太多只会打乱意志力的节奏，让你疲惫不堪，所以，一次只做一件事情，并坚持下去，那就足够了。

五、不要被无法控制的事情扰乱心智

2013 年的拉斯维加斯夏季联赛，国王队后卫吉默•弗雷戴特也出现在了现场，虽然已经在 NBA 打了两个赛季的他，上赛季场均有 14 分钟的上场时间。

弗雷戴特依然充满信心地说道："希望下个赛季我会成为这个球队的重要部分。你永远不知道球队的具体设想是什么，但是那就是我来到这里的原因。我能够和他们聊聊，和他们见面，看看他们的设想是什么。希望我能在明年成为球队的一部分。"

加上之前拥有的伊赛亚•托马斯、马库斯•索顿，国王队还在这个休赛季得到了格雷维斯•瓦斯奎兹、雷•麦卡勒姆和本•麦克勒摩，这让他们的后卫线显得人员充沛。

"我们有了很多后卫，"弗雷戴特说，"那是他们决定选择谁，我确信他们对于他们想要做的有一个计划。就像我说的，我不会去担心一些我不能控制的事情。你只需要担心你自己，试图成为一个好队友，成为这个球队的重要部分。那就是我所关心的。"

"你试图不去担心太多，但是你会听到（一些交易流言什么的），你会去想，"弗雷戴特说，"但是就像我说的，我很兴奋能在这里，我对于新球队感到很兴奋，不管怎样，我现在还是国王队一员。"

每个人心里都明白活着是为了生活更快乐、更幸福，而不是为了那些无法控制的事情去烦恼、愤懑。但是又有多少人拥有弗雷戴特的心态呢！人们总是去关注自己会失去多少，而很少去思考可以得到多少，总是让自己去看到负面的影响。

大多数人心里都存在着忧虑，它们无孔不入，挥之不去。比如：“我最近总觉得胃胀，是不是得了什么不治之症？”“今天跟朋友吵架了，以后的关系怎么相处啊？”“家里总是有很多烦心事，该怎么办啊？”

通观人类的历史，人们总会因为各种天灾人祸而忧心忡忡，直到现在，这些问题也依然避免不了。那些不稳定的安全因素以及社会竞争总会让我们的忧虑变得日益加深。

其实，我们所担心的事情有 40%是根本不会发生的，30%是曾经发生过的，12%是关于健康的一些不必要的顾虑，10%是关于日常琐碎的担心，而剩下的 8%中的 4%则是我们能力应酬范围之外的事情。也就是说有 96%的顾虑是完全没有必要的，只有 4%具有担忧的价值。那么为什么我们总会被这种情绪所干扰呢？

这是因为一旦出现担忧和顾虑，就会产生一环扣一环的恶性循环链条。因为这种状态导致了神经的紧张，从而致使心灵产生不安和恐惧，但是这种会在心理的作用下愈演愈烈，反复地催生出更多的忧愁。于是就会消耗掉我们更多的生理和心理两方面的能量。

我有一位朋友，曾经因为一件事失眠了近一年的时间，那段时间对他来说犹如人间炼狱。后来他找我诉说才发现人要学会接受不可能改变的事实这个道理。这也并不是说，无论你碰到什么挫折，都要俯首帖耳、低声下气，那是宿命者的想法。

由此可见，担忧并不是外界的信号，而是来自烦恼者内心的非理性想法，不管是为了得到还是为了失去而担忧，都是人们在潜意识里对生活提出了奢望，希望自己的一切都能够顺利进行，但是同时烦恼者也明白生活并不是一帆风顺的，生活也存在着很多的变数。这两种矛盾是无法调和的，只有明白这个道理，才能帮助寻找出改变这种不良心态的方法。

六、改变不良心态的秘诀

（1）改变多虑的习惯，保持乐观

不管对过去的事，还是对未来的事，都要保持一种乐观的态度。

如果一个人常保持正面乐观的心，那么在处理问题时，他就可以得到满意结果的可能比一般人高出20%。因此乐观的情绪不仅可以平息忧虑的情绪，还可以使问题得到更好的解决。

（2）进行准确的自我定位

有正确的价值观念，这是获得心理平静的最大秘密。只要我们能定出一种个人的标准来，就是和我们的生活进行比较，什么样的事情才值得我们去做的标准，那么我们的忧虑有50%就可以立刻消除。

七、用想象三部曲打破失控的困境

我的朋友张帅原本的性格十分内向、腼腆，但是工作一年后整个人变得十分开朗，眉宇间神采飞扬、充满自信。之前因为张帅的性格内向跟很多同事都相处不好，后来张帅决定做出改变。他新换了一个工作，并且每天进行自我暗示，告诉自己他是个开朗、活泼、自信的人。而且他的新主管性格开朗，对同事经常赞赏有加，特别提倡大家畅所欲言，不拘泥于部门和职责限制。在他的带动下，张帅也积极地发表自己的看法。

由于主管的积极鼓励，他工作的热情也空前高涨，不断学会新东西，起草合同、参与谈判、跟外商周旋……张帅自己都感到非常惊讶，原来自己还有这么多的潜能可以发掘，想不到以前那个沉默、自卑的男孩，

今天能够跟外国客商为报价争论得面红耳赤。

在充满信任和赞赏的环境中，人容易受到启发和鼓励，往更好的方向努力，随着心态的改变，行动也越来越积极，最终做出更好的成绩，这就是运用积极暗示和想象的力量。

很多人认为想象就是天马行空，对于人类有害无益，但殊不知如果合理的利用想象就会对你的人生产生很大的影响，改变自己的坏习惯，我们就可以焕然一新。

其实“想象化”是一种效果很好的自我推动方法，如果你因为缺乏自控力，一直在逃避某项任务，那么你可以在使用这种方法时，首先列出积极执行这项任务的好处，这样的一张表可以让你看到事情积极的一面。

人天生就有趋利避害的本能，在一般的情况下，要想让自己采取的措施有效，往往大棒子没有香甜的胡萝卜管用。

比如，你想戒酒，戒网瘾，你可能就会提醒自己喝酒会引发癌症以及很多的其他疾病。

但是你越是这样提醒自己，越会陷入一种恐惧中，于是不自主地拿一瓶酒喝一口，那么这个目的也就失败了。

八、想象三部曲秘诀

下面这个想象三部曲的效果比上面的方法好很多。

第一步，列出你戒酒、戒网瘾的好处，把你能够想到的好处全部列出来，例如：

（1）我的身体可以更健康；

（2）我的工作会加快进度，奖金会翻倍；

（3）我会更加有自律性，把前几天拖延的事情干完；

（4）我会更加有活力，精力可以更加充沛；

（5）心肺功能会更强壮，血压、血脂也会降下去；

（6）我的头脑反应会比戒酒前快，身手也会更加敏捷一些；

（7）你会发现原本烦躁不已的头脑可以冷静下来，原本总是管不住要开小差的精神也容易集中；

……

第二步，你可以想象你处在一个非常喜欢的地方：一个秋高气爽的天气里，你一个人来到一片旷野，天空中飘着白云，似乎随着你的心情正在浮动。没有风、天气很暖和，空气中仿佛飘散着一种甜蜜的气息。这一切都是我们的想象，即使有一些天籁之音，也不影响我们倾听一下自己内心的声音。

第三步，想象你还处在刚在那个环境中，你已经开始戒酒、戒除网瘾。将那份戒酒的好处在脑海中进行一一温习，然后把每一条都对自己说一遍，按照这种方式，逐一进行。

这种培养自控力的方法就是利用了想象的力量，它的效果非常神奇。有很多人只用了一个月就实现了长久以来很难做好的事情。这种方法很轻松，也很见效。它可以用来提升你的自控力，让你自觉地减肥、做家务、按时起床、坚持锻炼身体，帮助你自觉地做任何改变自己的事情。

九、提升专注力是提升意志力的首要条件

对职场人士来说，观察力对提高工作的专注度有着很重要的作用。想要成功不能缺少专注的基础，专注是成熟的标志。只有专注才会成熟，只有成熟才有责任，只有有责任感才值得托付，只有值得托付才是有价值的，也只有专注才会举重若轻，才会逐渐提高你的技术含量，才会形成自身的核心竞争力，并逐渐与竞争对手之间拉开距离。

每个人都需要有一个自己一直在关注的领域与目标，清晰地意识到一直在做的事情，这就是专注。然而专注的目标一旦形成，你的一切努力就是有的放矢。

一个社团与政党就是把所有坚持那个信念的人通过组织聚拢到一起，而真正的领袖是一辈子坚持一个信念，甚至让自己的后代与继任者继续自己未竟的事业，这就是成熟与关注。

所以，不管是安身立命还是养家糊口，专注都是必要的基础。那么我们应该如何提高自己的专注力呢？

其实专注是在做取舍时一个做减法的过程，然后逐渐修炼到呆若木鸡的程度，并且随着时间的一点点推移，形成一座雕像。想要做到专注，就要在日常的工作、生活中，在看、听、说、想、做上下功夫。

多看，就是看别人是如何做的，尤其是看自己的竞争对手。当然，这个过程是从多看到少看，从少看到不看，做到眼中无物，心中装满整个世界的程度。

多听就是指关注的领域与深度，对那些与自己有关的要多听，从表面到本质，与自己无关的要充耳不闻，而且做到与实际结合。

多说，则是指在成熟的基础上，只说与自己有关的事情，而且逢人便讲，或如江河倒灌、或如画龙点睛。也就是“三句话不离本行”。另外，要注意多说也会让自己成为众矢之的，因此要知道如何在传播时做到自我保护。

多想，就是随时随地关注自己所选择领域的事情，并通过思考转化为自己的能量，在逻辑性、清晰度、简要程度等方面进行不断优化的过程，更是使得自己的专业基础逐渐强盛并到足以赢得市场信任的程度。

多做事，这个过程是需要耗费精力和体力的，千万不要眉毛胡子一把抓，什么都做不好，做事永远都要贯穿始终，但是做事的人不一定有连贯性，所以你就需要让他们在某一个时间点或者某一个时间段都在做当下最重要的事情。

在训练专注的同时也要求必须具备阶段性的关注并做出及时调整的能力。

通过阶段性的关注可能会使你短视，并且有暂时停止进步的感觉，但是人也只有这样才能入定，并且可以感悟到别人所悟不到的东西，或者别人不可能悟到的东西。

从设计的角度看，没有什么东西是复杂的；但从执行的角度看，再简单的东西落实到细节上都马虎不得。

你作为人的个体，应该视专注为一种修行，把专注当成一种境界，发展成为一种影响力，而团队的专注就是协作，你要把它形成一种力量，转变成一种惯性与势头，时间长了就形成增值。

专注是一个静态的等待，也是蓄势待发的时候，在这样的时候，你不需要太多的动作，你所做的一切事情都是积累，都是在积蓄力量，这就是少做的意义。专注是以定位为前提，逐步培养自知之明，并在此基础上，去做有价值的事情。

专注需要从关注财富的积累转向做事，从关注做事到关注打造团队，形成并强化自己的核心竞争力，在发生如此转变的基础上，通过整合传播实现价值的认同，并在客观上形成资源、资本与资产的积累。

不管是个人还是团队，不管是呆若木鸡还是最终成为一尊塑像，人的境界不同，修行的成果也不同。所以只有你能够把自己培养成为雕像，才能在职场中取得成功。其中的核心基本功就是专注，在某个特定时候只关注某一件特定的事。

十、放下三分钟热度，多点专注力

我的朋友张玲在一家公司做内勤，工作内容繁杂。平时一上班，她的习惯就是打开电脑上QQ，在QQ上的同事、朋友只要一说话，她总是有聊必应。

去年，她们公司开通了微博，领导交给张玲进行维护，如此一来，张玲每天忙得不亦乐乎，加班成了常事，不过，虽然她总觉得工作很多，但一天下来，仔细想想，又好像没做什么。

元宵节前，领导要求张玲赶一份文件，早上交给她的任务，直到中午下班时，张玲只是写了个开头。没办法，刚刚过完年，不少同事在QQ上和张玲谈工作上的事情，还有一些假期才联系上的老同学也来凑热闹，让张玲一直没办法静下心来。

下午领导来催时，张玲慌了神，心一横，干脆关了QQ，专心写文件，“如果真有急事，肯定会打电话找我的”。没想到，感觉挺难写的文件，只花了一个多小时的时间就完成了，领导看后还很满意。张玲又专心地把公司的微博更新了一下，对每封私聊信件都进行了回复，这项工作，平时最少也要花她一个下午的时间，但这次，一个小时就做完了。再上QQ，对同事们咨询的问题一个个回复，也很快完成，下班前她甚至还玩了玩一直没时间玩的休闲小游戏。

最近，张玲保留了这种新的工作习惯，尽量做完一件事再做另一件事，不同时进行几项工作，结果，她每天都能准点下班。

职场白领每天在电脑前忙着公司交代的工作，还要同时打开电子邮件的界面，还在QQ或是MSN上与人交谈，手机还不时传来短信提示音……

在这个e时代，很多职场人都已经“习惯”了同时做多件事情，但是这种方式却对人们造成了一定的负面影响，工作效率严重降低，专注力涣散已经成为职场一大流行“病症”。

很多职场人都会有这样的困扰——“其实我很想专心地工作，可是想要集中注意力却并不容易”然而，保持高度的专注力，不仅可以提升工作效率，面对问题时也能冷静思考，将自己的实力充分发挥出来。

十一、提高专注力的秘诀

如果想要提高专注力，在职场上有更好的表现，不妨参考以下 5 个方法：

（1）给自己一个明确的目标

首先思考一下自己最想做什么事情、想要过什么样的生活、怎样才能让自己表现得更好等问题，然后选择一个明确的方向，将这些目标根植在自己的潜意识中，成为维持专注力的基础。

（2）养成阅读的习惯

给自己规定一个时间，在这个时间内阅读一定数量的书籍，可以大幅提升你的专注力。在阅读时可以激发想象力，并且跟现实相结合，创造出新的思考方式。

（3）拟定计划、预先演练

假如在以后的工作中你能明显看到自己的进步，那么你就有希望提高工作专注力。因此，不妨在晚上睡觉前，先规划隔天的工作事项，并且依照紧急程度和重要程度排出优先级；次日起床后便按照清单逐步完成工作。如此，便能实际感受工作正在推进，因而产生自信和干劲，进一步提升专注力。

在规划时，也要注意把预计处理时间考虑在内，因为在时间压力下，不但能够训练情绪的稳定度，专注力也会异常集中。另外，写下工作的预定执行步骤，并按照笔记内容在大脑中进行演练，这是培养专注力很好的练习。因为大脑会将想象情况模拟为实际状况，所以持续在脑中复习流程，就相当于反复地进行工作，可以让实际运作更加熟悉顺畅。

（4）培养没来由的自信

人们很容易被失败情绪所打败，给自己定出负面评价，并且这些不愉快的想法，常常会在进行新工作时浮现脑海，干扰思绪。然而，事情的好坏利弊是没有一定的评判标准，就看自己用什么样的态度来面对，或者是如何改善这样的处境。

所以，在被这样的负面情绪干扰时，要积极地输入正面的想法，锻炼自己“没来由的自信”，就能在展开新工作时，摆脱不好经验的牵绊，全心投入。

（5）两种日常思维训练助你提升专注力

① 学会整理自己的思绪。在工作特别繁杂时，因为担心遗忘，很多人会选择用大脑来记住这些事情。但其实这些担心和焦虑严重影响了专注力的集中，所以不妨把它们写下来，以“清空”自己的大脑。你可以试着将每天的工作和每天需要做的事情做成一张表，集中精力做当下需要做的事情，完成之后再进行下一件。

② 想象练习。对于一个很重要的目标或者任务，人们可能会怀疑自己是否有能力把这件事情做到尽善尽美，那么不妨先在脑子里进行想象练习。

想象处理这件事情的步骤、会引发的结果，等等，想象自己专注而轻松地控制着各种意外干扰。让这件事情在大脑中形成一个初步的解决办法然后再行动，你就会感觉自己在工作中游刃有余了。

十二、克服了懒惰，战拖就成功了一半

我的同事张欢是我们办公室出了名的“懒鬼”，每次需要打扫卫生时，他就躲在一边仿佛自己很忙，借此来逃避劳动。

但是到了需要他完成工作时，他又在一边看视频、玩游戏、逛各类购物网站。工作完不成，受到上司训斥时，他就找各种借口，推到别人头上，完全不承认是因为自己的懒惰，导致整个小组的工作完不成。我们现在都对他产生“畏惧”的心理，都怕被安排跟他一组，害怕他的惰性害了自己。

懒惰可以说是人类与生俱来的一种本性，想要验证一个人的成功与否就要看他是不是可以控制好自己的惰性。虽然很多人都知道工作懒惰，是不可取的，就像张欢一样，但是却又无法驱散自己的这种负面情绪。

那么，你是否也是惰性的其中一员呢？你是否也喜欢事事拖延，直到上司给定的最后期限前，你才开始挑灯夜战去完成呢。在你的工作上是否也会遇到一些做事拖延的同事，结果自己尝尽等待的焦急滋味呢？做事拖拉在职场中对人对己都没有好处，那么在想办法克服职场惰性心理之前，我们先来分析一下造成这种心理的原因：

（1）得过且过的想法

有些人对一些操作起来非常困难或者自己不感兴趣的工作，就会容易产生拖延的心态，认为这件事情到了最后总会被解决，于是不到最后一刻就提不起精神来处理。

（2）对自己过分自信

有些人觉得自己就像是弹簧，就喜欢在有压力的氛围中工作，压得愈紧就会弹得愈高，于是到了最后关头，效率反而会大大提高。虽然在这个过程中，他们往往可以体会到克服挑战的快感，享受最后关头效率和刺激，不过对其他同事来说，会产生工作上许多的不协调和误解。

（3）害怕开始

与过分自信的人相比，有些人会欠缺自信，常常因为害怕自己做得不好，于是迟迟不敢动手，但就是这种逃避的惰性心理，会令自己更加产生挫败感。于是当别人开始催促，又或者遭受同事的质疑时，就会更加不敢开始和继续拖延。不过，这种短暂的逃避只会令自己的恐惧感在拖延的等待中愈积愈多。

（4）追求完美

有些人就想把事情做到最好，所以不到最后一分钟绝不会动手，只是因为他们想精益求精，不惜一切代价追求质量上的完美，结果迟迟不行动会导致时间大大超越预期。

既然惰性对我们的工作会产生很大的负面影响，我们应该如何克服这种负面情绪呢？

第一点：要学会合理安排任务。

第二点：可以向上级、同事作出工作保证，通过别人的监督，就会令自己产生动力。

第三点：你也可以为自己设定一个时间表及期限，要求自己提前完成工作，同时还要不断地提醒自己必须严守承诺及纪律，享受提前完成工作的成就感。

第四点：学会分析利弊，了解提前完成工作有什么好处，拖延又有什么坏处，这样一对比，自然就会有明确的选择。

其实克服懒惰，就跟克服任何一种坏毛病一样，虽然是件很困难的事情，但是只要你决心与懒惰分手，在实际的生活、工作中持之以恒，那么，你一定可以打败它。

十三、一打计划比不上一个行动

我的舍友张晴是一个典型的说到做不到的人。目前她担任多家媒体时尚专栏的撰稿人，总是在接稿子的时候，觉得自己到期一定可以完成。

上个月的一次经历，让她至今心有余悸。“那几天实在没有写文章的状态，偏巧有几篇专栏要到截稿日期了。可每天给自己冲杯咖啡，看看朋友的博客，收拾一下屋子，和朋友聊会儿天，一天不知不觉就过去了，写稿时间只得一拖再拖。”

最后，总共一万多字的稿子一个字都没写。四五个编辑轮流在QQ、MSN上找她，最后她只能下线；手机都快被打爆了，她却一个电话都不敢接。“那一次，真的把我给拖怕了。”

人人都说常立志不如立长志，不管你给自己制定了多少计划，最后看你完成了多少才是真正有用的数据。就像张晴这样总是制订计划而不去行动，那么制订计划的初衷最后会变成对自己的负累。

虽然我们常说人必须要有思想，但是要知道思想并不是人生的目的。美好的思想不仅可以决定人生的价值，而行动更是一个重要的因素。人们曾经反复讨论“知与行”谁先谁后的问题，然而与思想相比较，行动才是首要的。墨子说“志行，为也”，也就是说意志付于行动，那是作为。

十四、成为一个有行动力人的秘诀

善于行动者，行动高效者，在做好策划拥有目标和方向后，能够把握机会及时行动。那么如果做一个有行动力的人就要专注以下几个步骤：

（1）做好充分的准备

机遇只会垂青有准备的人，只有对行动目标做好充分准备的人，才能在关键时刻顶上去，甚至崭露头角。一般而言，我们在行动之前需要做这些准备：

① 思想准备，做任何事情，如果有了思想上的准备，就已经有了一个好的心态开始。

② 信息准备，古人云“知己知彼，百战不殆”。应对复杂环境和问题，需要我们对环境和问题有一个基本的掌握和了解。

③ 能力准备，要使自己始终立于不败之地，就必须具备相当的专业知识和技能，宽广的视野和掌控局面的综合能力。

④ 人脉准备，一个篱笆三个桩，一个好汉三个帮。很多时候，一个人单枪匹马很难成事。

（2）持续专注

歌德曾有句名言：“一个人不能同时骑两匹马，必须骑上这匹，就要丢掉那匹。聪明人会把凡是分散精力的要求置之度外，只专心致志地去学一门——学一门就要把它学好。”

持续专注包括两个方面：

① 对于主要的目标专心致志，并且敢于在困境中坚持，善于在顺境中专注；

② 对于次要的、不必要的行动目标和事务，果断地放弃。

这同样也是经营企业的智慧，对于许多企业来说，解决财务危机的方法就是专注那些能够盈利的核心项目，关闭亏钱的项目。而在企业发展顺利时，也同样需要避免在无关紧要的业务上四面出击，要把主要精力专注于核心项目上。

（3）注意关键细节

现代人在智商、知识、能力等各方面的差距愈来愈小，因此，人与人之间的竞争也走向了细节化。就跟我们通常所谓的品牌差异化竞争一样，其实就是细节上的竞争，产品在质量和性能上的差异越来越小，产

品的价值只能体现在细节的周到和创意上。

当然，做人也一样，人生并不需要多么壮烈才能体现出美好的品德，一些小小的细节，譬如不乱丢垃圾、讲文明礼貌等就能体现你的公德心。

（4）坚持最后五分钟

胜利存在于每次都要“坚持住最后五分钟”，行百里者半九十。在选好目标和行动方向之后，剩下的事情只有坚定不移地向目标前进。如古代哲学家荀况所说：“骐骥一跃，不能十步；驽马十驾，功在不舍；锲而舍之，朽木不折；锲而不舍，金石可镂。”而黎明前的一刻，则往往是最黑暗最阴冷的时刻，这个世界上有很多人的失败，就倒在没有坚持“最后五分钟”，在胜利马上到来之际，却做了逃兵。因为各种原因：意志不够坚定，毅力不够强，对原本认同的正确判断产生怀疑，等等。

所以，有句俗话说得好：坚持就是胜利。

其实，成功并不难，成功者与失败者的区别在于行动力上的强弱。我们只有管理好自己的行动力，迅速有效地执行，才能让行动力转化为胜利的果实。

第十一章

CHAPTER 11

思维自控术：用正能量重拾自信

假如你每天过着日复一日的生活，或许有些生活模式已经形成，因此产生倦怠的情绪，丧失了前进的动力。也许因为梦想太遥远，导致你耗费了太多的精力，打消了你的积极性。可是你要记住，在奋斗的路上，每个人都会感到疲惫，唯有那些充满正能量的灵魂，才能走到终点。

一、拆掉堵住思维的那道墙

曾经看到过这样一则故事：在一个化学实验室里，一个实验员正在向一个大缸里注水，水流很大，很快水缸就被注满了。那位实验员赶快去关水龙头，却发现水龙头坏了，怎么也关不上。可是再过半分钟，水就会溢出水缸，流到工作台上。如果水浸湿了工作台上的仪器，就会立刻引起爆裂，仪器里面正在起化学反应的物质，一旦遇到空气就会突然燃烧，整个实验室可能在几秒钟内就会变成一片火海。

实验员们看着这个场景都充满了恐惧，他们知道谁也不可能从这个实验室里逃出去。那位实验员一边堵住水龙头，一边绝望地大喊。死神正一步一步地向他们靠近。就在这时，只听“叭”的一声，大家只见在一旁工作的一位女实验员，将手中捣药用的瓷杵猛地投进玻璃水缸里，将水缸底部砸开了一个大洞，水直泻而下，实验室里一下转危为安。

后来在表彰大会上，人们问她，在那千钧一发之际，怎么能够想到这样做呢？这位女实验员只是淡淡地一笑，说道：“当我们在上小学的时候，就已经学过了《司马光砸缸》这篇课文，我只不过是重复地做一遍罢了。”

这位女实验员只是用了一个最简单的办法避免了一场灾难。《司马光砸缸》我们都学过，但是大多数人当时想的都是：活命。没有人想到去“舍”。

殊不知，舍弃有时也是一种智慧。其实这个“缸”可以看作我们的惯性思维，很多时候我们对很多机会视而不见，只因我们被我们的思维束缚住了。这个时候唯有打破，才能放飞我们的思维，进入一个新天地。

有些人，也许有时会想不通。为什么幸运的人总是能给自己带来更多的幸运？不幸的人总是会遇到更多的不幸？

事实上，那些安装“幸运儿思维模式”的人，是他们自己构建了一个充满机会的幸运世界，会更加容易发现外界潜在的机会，而安装了“倒霉蛋思维模式”的人倾向于对机会视而不见，因为在他们心中的模式没有“机会”这个词。

如此一来，幸运儿反复印证了自己的“幸运儿模式”，从而相信自己的世界是充满幸运的，但是倒霉蛋对自己的“倒霉世界”坚信不疑。你的身边应该也存在着这样两种不同的人，一种人似乎总是受到上天的眷顾，干什么都特别顺利；另一种人仿佛天生就倒霉，喝凉水都塞牙。

这就是堵在我们思维中的墙，我们总是活在别人或者自己的暗示中，只知道按照别人的指点去做，于是思维被完全控制住，沿着一条制定的路去前行；然而另外一种人会打破这面墙，关注其他的便利出口，找到更多向外流淌的机会。

同样的出身却会有不同的两种命运，试问：为何在同样的条件下，两个人的心态却完全不一样呢？失败者也不是没有过挑战命运的心态，而是被生活磨灭了。

如果深究这两种心态的背后，我们可以看到两者关于世界的假设不同。如果一个人认为：我的人生我做主，我选择不了出身，但是我可以选择我以后的人生。

那么，在这种思维的驱使下，他就会努力去改变现状，最终取得成功。如果一个人认为：我天生就是穷命，他就会心安理得地去忍受贫困不去做任何改变。

成功者的“态”你学会了，但是如果不加以利用，那就会前功尽弃。现在就来告诉大家一个方法，可以有助于摆脱旧的思维模式，改变思考、感受和行为方式。

（1）放慢思考

在你放慢思考的过程中，会更容易发觉自己的心智模式，以及它如何影响我们的行动。这个时候我们可以利用左手栏的方法找到自己的心智模式。

“左手栏”是一项效果强大的技巧，可以借助开始“看见”自己的心智模式在某种状态下是如何运作的。“左手栏”开始的时候，可以选择一个特定的情况，在这个情况中，自己可以感受当时办的事没有达成什么效果，或是非常不满意。在一张纸的右侧记录实际的过程，在左侧写出每一个阶段，心中所想而未表达出来的话。

（2）亮出自己的心智模式，再以开放的心灵容纳别人的想法

如果一个人可以勇敢地亮出自己的心智模式，他就会先陈述自己的看法和理由，并以诚恳的态度邀请集体的成员对自己的心智模式进行检视，在这种气氛中，集体中的每一个人都会敞开心胸，深入探询彼此的看法，从而发现全新的看法，出现创新。

二、告诉自己：我能行

性格腼腆的林晓佳每次去参加公司应聘，都是输在面试上。“见了面试官，如履薄冰，手脚不知道往哪儿放，头不敢抬，眼睛也不看人，低着头在那等过关，本来平时都能回答的问题，面试的时候脑子却一片空白，还经常出现答非所问的现象。”

每次面试回来，她都懊恼不已，自惭形秽。可越是这样，就越是影响到她下一次面试的心态。随着面试失败次数的增多，不知不觉她就产生了严重的自卑心理。每次参加招聘面试，心里就会忐忑不安，过分退缩，怀疑自己是否有能力担任这份工作。慢慢地，她就对自己失去了信心，甚至不敢再投简历找工作了。

可见，自信会成就一个人，而自卑会毁了一个人。自信心对于那些想要成功的人具有重要的意义，它是成功的起点，也是开发自我潜能的金钥匙。

有人说，成功的欲望是创造和拥有财富的源泉。一旦人们拥有了这一欲望并经由自我暗示、激发后形成一种信心，然后会转化为一种积极的感情。它可以激发人们的潜能并且释放出无穷的精力、热情和智慧，进而帮助我们获得学业或事业上的成就。所以，自信心被人们比喻为“一个人心里的建筑工程师”。

那么，如何才能建立自信，让你可以自豪地对自己说出：我能行呢？不妨通过下面几种方法在平时的生活中慢慢地积攒自信。

（1）在平时挑选前面的位子坐

你平时是否注意到，当我们作为新生报道或者到会议室开会的时候，后排的座位总是先被占满，前排只有零落的几个人。这是为什么呢？因为每个人都害怕自己“太醒目”，受到别人的关注，说到底是缺乏自信心。

如果我们希望自己是个自信的人，不妨从今天开始，不管是在会议

室还是在别的场合，都尽量选择前排，长期坚持下去，一定可以帮助我们提升自信心，把它当作一个“秘诀”去试试。

（2）练习正视别人

如果我们看到一双闪躲的眼睛，一定会下意识地问自己：“他想要隐藏什么呢？他会对我不利吗？”眼神会暴露一个人的内心。

在一般情况下，如果不敢正视别人，就代表那个人很自卑，感觉自己不如别人或者做了对不起他人的事情。他们的内心独白是：我怕一接触你的眼神，你就会看穿我。这些都是不好的信息。

所以，你正视别人等于告诉他：我很诚实，而且光明正大；我相信我告诉你的话是真的，毫不心虚。与人交往时，正视他，这不但能给我们信心，也能为我们赢得别人的信任。

（3）把走路的速度加快 25%

心理学家一般会将懒散的姿势、缓慢的步伐跟自己对学习、对工作以及对别人的不愉快的感受联系在一起。其实，借助改变走路的姿势与速度，同样可以改变人的心理状态。

我们仔细观察会发现，身体的动作是心理活动的结果。那些走路大多拖拖拉拉自信心弱；另一种人则走起路来比一般人快，就像在跑，表现出超凡的自信心。

他们的步伐仿佛在告诉整个世界：“我要到某个重要的地方，去做很重要的事情，更重要的是，我会在 15 分钟内成功。”使用这种“走快 25%”的方法，抬头挺胸步伐加快，我们就会感到自信心在增长，周围的朋友、同事也会对我们刮目相看。

（4）练习当众发言

在公众场合沉默寡言的人一般会认为：我的话可能没有价值，如果说出来，别人可能会讥笑我，我最好什么也不说。而且，其他人可能都比我懂得多，我不想让他们知道我是多么无知。

这些人常常会对自己许下渺茫的诺言："等下一次再发言。"可是他们很清楚自己是无法兑现这个诺言的。这是缺乏自信的表现，如此反复，他们会越来越丧失自信。

因此，从积极的角度来看，如果多发言，就会增加自信心，下一次也更容易发言。所以，要争取发言的机会，这是自信心的"维生素"。

（5）开口大笑

笑不但能增寿还能添智，是医治自信心不足的良药，是开发我们潜能的重要方法，而紧张的情绪不利于潜能的开发。很多人明白这个道理，但是，仍有许多人不相信有这一套，所以在他们遇到挫折时，从不试着笑一下。其实只要开口大笑，我们就会觉得美好的日子又来了。要笑得"大"，半笑不笑是没有什么用的，一定要露齿大笑才能见功效。

我们常听到这样的话："我知道，但是，当我害怕或愤怒时，就是不想笑。"当然，这时任何人都很难笑出来。窍门在于要强迫自己说："我要开始笑了。"然后一笑，我们的自信、潜能就在我们开心大笑中被激发出来。

三、人无完人，学会接纳不完美的自己

我的邻居秦生今年41岁，拥有研究生学历，在一家大型企业任职副总。不管是在同事，还是家人眼里，秦生给人的印象都是乐呵呵的，走到哪里都是充满了阳光和欢声笑语。

但这样的一个人，你会想到在一周前服用100片安眠药自杀的是他吗？不过庆幸的是，被家人及时发现，并送到医院进行抢救，人并没有什么大碍，等待他的是病情稳定后转入精神科做进一步治疗。

“我真的接受不了，他是那么开朗，爱笑的一个人，怎么会选择自杀呢？”秦生的妻子百思不得其解，在这之前，她一点也没有发现丈夫有任何异常，“每天他都像平时一样跟我有说有笑”。在秦生妻子的眼里，自己的丈夫是公司高层领导，工作能力很强，社会交际也广，是自己和孩子的“超级偶像”，她实在想不通这样优秀的丈夫为何会选择自杀。

医生通过与秦生的接触，他一开始坚决否认自己有病，说自己只是压力有点大，睡不好觉所以才多吃了几片安眠药，并且说话时依旧面带微笑，表情轻松。后来在进一步的询问下，他终于承认自己近半年来逐渐出现每晚三四点就醒来，然后就辗转不眠，开始为新的一天发愁。不想上班，但是想到自己身居要职，责任重大，只能硬撑着去上班。虽然一点不想见人，却不得不碍于面子出去应酬。看到家人总想发脾气，却只能强颜欢笑。

刚开始秦生以为自己是压力大，后来上网一查才知道可能是得了抑郁症。但是秦生始终不愿接受这样的结果，觉得自己这么坚强的人不可能抑郁，而且在家人、同事眼里如此完美，如果让压力击倒，简直颜面扫地。

于是，秦生继续在工作中扮演“强势领导”，回家后强装“顶梁柱”，直到一周前，秦先生觉得自己太累了，也装不下去了，决定用一死来求解脱。

现在社会中很多人都戴着面具生活，认为只有“完美”的人才可以得到幸福。于是许多人就装出一副完美的样子，在人前充满阳光，强颜

欢笑，而独处时就会身心陷入低谷，让自己的身体、精神和心灵都承担着重压，这是阳光抑郁症的典型表现。这种症状要想获得治愈，最重要的一点是要学会接纳不完美的自己。

首先，要接纳自己的真性情。我们要知道金无足赤，人无完人，人永远不会做到完美。

因为在这个世界上，根本不存在完美的每一个人，就算是自然的万物，也都有不完美的地方，清流之下还有污泥，绿树也有残枝败叶，因此，一个开朗的人在压力之下略微沮丧，一个循规蹈矩的人有时耍点酒疯，一个温和的人偶尔发点小脾气，都是再正常不过的事情了，人在压力和正常状态下的情绪都是最原始的。

就算是有不妥，有不完美，也不受自己的控制，还是要学会接纳，允许自己有正常人的情绪，如果用表面的和善把自己和外界的真实隔离开，即使塑造出了一个极为虚假的自我，然后在这种阳光的自我中陶醉，最后，也将在这种陶醉中自我毁灭。

其次，要学会拥抱完整的自己。每个人都有优点和缺点，并且，每个缺点的背后都隐藏着优点，要知道每个阴暗面都有对应的心理表现：喜欢出风头只是自信过度的表现；邋遢说明你内心自由；胆小能让你躲过飞来横祸；泼妇在有些场合是解决问题的最好方式。

这些在大多数人看来的阴暗面，也是生活的一部分，只有真心拥抱它，我们才能活出完整的生命。承认和接纳完整的自我，意味着平等对待自己的每一项特质，既不刻意彰显，也不刻意压抑。能用这样平和的眼光看待自己的缺点和阴暗面，自然就不抑郁了。

最后，接纳不完美的朋友。追求完美的人不仅对自己要求高，看待别人的眼光也是非常挑剔的，所以面对问题往往自己承受，不会信任任

何人。但是当你可以接纳自己的真性情，拥抱完整的自己时，你看别人的眼光也会变得不一样。

我们看到的别人的缺点，几乎都是我们自己内心缺点的投射。我们接受不了别人，其实是看到了那个被排斥和压抑的自己，当我们能接纳自己时，就会发现，别人身上有的特点，我们也有，于是对自己和别人都多了一份包容和理解，愿意接纳和自己一样不完美的朋友。

向你的朋友诉说自己的愤怒、悲伤、委屈、怨恨、不满等不完美的情绪，朋友也会了解你的内心感受，就算是帮不上忙，当你的内心感受被别人理解时，那么你的个人情感也就得到了满足，也就不容易抑郁了。

接纳不完美的自己，并不是说我们得向那个不完美的自己屈服，在接纳自己的阴影和黑暗的同时，也可以同时给自己的心开一扇窗，让阳光照进来。

当你郁闷时，接纳自己这种情绪的同时，多采取一些阳光行动，比如到绿色森林中呐喊，或是随着音乐舞蹈，或是用各种运动健身的方式来抒发自己的情感，让隐藏在阳光下的抑郁，慢慢舒展开。这样，阳光抑郁症自然不会找上你。

四、有技巧地“清理”你的大脑

如果我们了解了自己大脑的结构，你就可以发现自己的思维拥有独特的能力，如果想要利用这个独特能力，我们就必须知道大脑是如何进行工作的。

我们可以把自己的大脑看成一个超级生物计算机，其中思维从无数个数据节点发散出来。这一结构反映了你的神经网络，是你大脑的物理构造。

我们为了使这台计算机可以保持高效率的运转，思维的高速公路不会堵车。就不可以在这台计算机内胡乱放置东西，也不能让它过于繁忙。因为那样做的话，就会使运转效率很低。所以必须及时清理多余的东西，保证大脑磁盘上有一个宽敞的空间。

我们也许不知道，大脑拥有天生整理东西的能力，这种自然的整理就是睡眠。人的睡眠可以分为三个阶段：浅睡眠阶段、深度睡眠阶段和快速睡眠阶段。

一般在“快速睡眠”阶段，大脑就会启动清理程序；对白天接受的信息进行区分和清理，把应该放入人脑数据库的东西留下，把应该遗忘的东西丢掉。

我们在早上起床以后会觉得神清气爽，就是因为大脑里的垃圾在夜间被整理干净了，心中一片敞亮。我们都说清晨是思考的黄金时间，正是因为这时候大脑工厂已经被整理过一遍，可以进行最高速的运转。但是如果出现睡眠障碍或者什么事情影响了睡眠，我们醒来以后就会状态不佳，觉得脑袋昏昏沉沉的。

以前的信息量比较少，所以仅仅利用睡眠，我们就可以充分遗忘，彻底清理大脑。如今，人们生活在信息量过剩的社会中，那些不必要的信息很容易积存在大脑里，光靠夜间的睡眠根本无法清理干净。假如我们的遗忘速度跟不上信息进入的速度，大脑就会慢慢混乱起来，而且经常处于繁忙状态，记忆障碍、思维迟钝等症状也是这个原因引起的。

如果大脑的信息只进不出很容易造成“便秘”。所以，为了把我们的大脑变成一个高效运转的系统，无论如何我们都要为遗忘而努力。我们要坚持不懈地为大脑整理东西，去其糟粕，取其精华，彻底排除思维程序故障。

五、训练思维的“肌肉”

在美国的阿拉斯加涅利英自然保护区动物园里有大量的鹿。当地的人经常看到狼追逐鹿的景象，很多鹿被咬得鲜血淋漓。

人们为了保护鹿群，于是对狼群进行了大围剿。狼很快就被消灭了。

鹿群没有了来自狼的威胁，生活得非常安逸。它们整天在园子里吃草、休息，但是不久后身体体质严重退化，居然成群成群地死去。

人们不想看着鹿群灭亡，于是当地居民请来了著名的动物专家来想办法。专家们观察一段时间后，居然又运了一些狼放在保护区内。

居民们非常不解，鹿都快要死光了，现在放一些狼进去，鹿不是死得更快吗？

但是，动物专家却说：“每一种生物都有天敌，这样可以通过自然淘汰保持生物的优良品种，促进生物的生存繁殖，这就是生物链。失去了天敌，生物链就被破坏了，鹿自然走向了死亡。”

这种思维方式就是链式思维。链式思维法采用分支树图的形式，先设计出各种可供选择的答案或因素，以表明它们之间的前后联系，然后从中权衡。

链式思维就是要知道一个事物是跟另一个事物联系着的，每个事物都像锁链上的一个环，环环相扣。只要提起一个事物，就要想到第二个事物，然后是第三个，一直想到最后一个。

所以，在思考时要通过一连串的联想，通常是把不相关的事物联系起来。刚开始，你可能觉得联想有点费力，但是，只要你习惯了，这种联想就可以在很短的时间内完成。

在一个暴风雨的日子，一个乞丐到富人家讨饭。

“滚开！”富人家的仆人说，“不要来打搅我们。”

乞丐说：“行行好吧！只要让我进去，在你们的火炉上烤干衣服就行了。”

仆人认为这不需要花费什么，就让他进去了。乞丐进入富人家的厨房，请求厨娘给他一个小锅，以便他煮“石头汤”喝。

“石头汤？”厨娘说：“我想看看你是怎样用石头做成汤。”于是她就答应了。

乞丐于是到路上拣了块石头洗净后放在锅里煮。

“可是，你总得放点盐吧。”厨娘说，她给他一些盐，后来又陆续给了豌豆、薄荷、香菜。最后，又把能收拾到的碎肉末放到了汤里。

当然，你已经能猜到，这个可怜人后来把石头捞出来扔回路上，美美地喝了一锅肉汤。

这种思维方式就是曲线思维方式，就是一种以退为进、打破前进定式而主动退却的思维。这就要求我们在思考问题的时候，如果遇到阻力，应该避开思维陷阱，让思路转个不停。

想要运用曲线思维，就一定要敢于斩断心理定式，思考问题时，不能被长期以来心理的“长处”或者“短处”所限制。

唐朝有一位经商的能人叫裴明礼。

有一次，裴明礼外出看到一片空地，是一个大水坑，卖价十分便宜，于是毫不犹豫地就把它买了下来。

裴明礼在大水坑中央竖起一根大木杆，木杆上吊着一个竹筐，还张贴了一张告示：凡是能用石块、砖瓦击中筐子的，一次赏铜钱一百文。

有这么好的事，谁不乐意做呢？大人、小孩，争先跑到大水坑边，

石块、砖瓦不停地投向竹筐，但是，由于杆高、筐小，击中竹筐的人并不多，倒是很快地就把大水坑给填平了。

填平了大水坑以后，裴明礼就在上面建起了牛棚、羊圈，供来往牛羊贩卖者使用。不久，牛羊的粪便堆积如山，这正是附近农民种田的“宝贝”，裴明礼把它们卖给种田人，几年间就赚了许多钱。随后，裴明礼就在这块土地上盖起了房屋，在四周栽下了花卉草木，建起了蜂房……

裴明礼成了个远近闻名的富绅。

其实裴明礼在第一眼看到这个大水坑时，就意识到了大水坑的潜在价值：因为它地处交通要道，是南来北往贩卖牲口的商人的必经之路；附近又有很多庄户人家，庄户人家要种地，种地又离不开“肥”。这就是大水坑能变成“聚宝盆”的奥秘所在。

而裴明礼运用的就是收敛思维法，是在众多信息中寻找最佳的解决方法的思维过程。当然在这个过程中，要想准确地发现最佳的方法或方案，必须整合考察各种思维成果，进行综合的比较和分析。因此，收敛综合并不是简单的排列组合，而是具有创新性的整合，即以目标为核心，对原有的知识从内容和结构上进行有目的的选择和重组。

还有一种思维方式就是质疑思维法。是对各种问题都要持有怀疑、好奇的态度进行思考的方法。要意识到问题的存在就是思维的起点，没有问题的思维是肤浅的。

每一个善于解决问题的猎手都是善于发问的高手，因此，你平时一定要养成凡事多问“为什么”和“如何”的习惯。当然，训练思维的方法还有很多，思维训练只是能够让你的思维能力可以大大增强，在面对问题和困难时不再束手无策。

六、改善潜意识的思维模式

人的显意识与潜意识层使用的是同一思维结构，是大脑中唯一的强大思维载体。心理学家说“意识思维不是自由的”，也就是说，“自由意志”实际上是建立在潜意识的基础上。

如果把显意识层当成一个聚光灯的话，潜意识层思维就是它的一个控制装置，决定着灯光什么时候打开，把光束指向哪里。

其实潜意识层也是使用人的思维结构，只是控制思维的方式有所上不同。如果人在意识清醒的状态下，是可以处理正常的思维关系，并且实现人的行为本质。也就是可以接收人的视觉、听觉、肢体等所发出的反射信号，接收所感知的世界，以及对感觉和肢体发出正确指令，实现高度灵活的协调能力。

潜意识思维是代替人在意识清醒下的思维活动，这个时候关闭了人的视觉、听觉、肢体等一切所有接收和发出信号的处理。

这个时候潜意识思维处于高度活跃的状态，可以处理日间大脑思考的内容，经过大脑的整理和过滤，可以把没用的信息清除，通过潜意识思维整理好的信息会更加清晰，使下一次白天的思维更加敏锐，以达到白天的高效思维工作。

通过潜意识思维的这些特点，我们可以了解到潜意识思维的力量很强大，只是不容易为我们所感知。很多的思维活动都是在不自觉中进行的。

平时的说错话或者说走嘴，都不是无缘无故的，潜意识使你说出了不想说的话。很多人小时候养成的习惯长大以后都会延续，比如写错的字，以后还会经常写错，不容易纠正过来。

那么，我们应该如何训练对潜意识的控制力，让潜意识为我们所用呢？是要潜意识为我们的成功服务，而不是把我们导向失败。

（1）把好信息关

在我们的潜意识中隐藏着各种各样的信息，而且它们可以自动地重新排列、组合、分类，以便随时应对各种需要。但是，由于潜意识来者不拒，所以不管是积极还是消极的都会被吸收，而且常常会跳过意识从而直接支配人的行为，或者直接形成人的各种心态。

所以，为了应对潜意识的这种情况，我们需要训练自己，努力开发并利用积极的潜意识，使之发挥积极效应，吸引积极因素，并对可能会导致你失败的消息信息加以严格管理。

因此一开始你就得控制你的思维流程，让你的心灵可以正确地思考，并不断地把积极的、富有建设性的想法投入到你的潜意识中，那么，潜意识就会帮你解决麻烦，为你带来和谐而美好的生存环境。

（2）对潜意识进行冥想

有一种改变意识的形式，那就是冥想。它可以通过获得深度的宁静状态，把一些念头、思虑去掉，从而增强自我知识和良好状态。冥想可以产生积极的思维方法，驱除负面情绪，调节神经、内分泌系统，从而起到自我修护基因的效果。

这个过程也可以使你得到放松，让精神集中，目的是为了改进自己，促进身心健康，从而使积极的意念“输入”潜意识，对人的活动产生正面情绪。

（3）多想想一些美好的东西

当我们了解了潜意识的工作机制以后，我们就会增强信心。你必须记住，一旦你的潜意识接受了这种想法，它就会立刻开始实施。它会利用你内心深处的一切精神力量来实现你的目标，不管你的想法是好还是不好。

所以，假如你是消极地对待潜意识，它会为你带来麻烦、困惑和失败；如果你积极地对待它，它就能引导你，为你带来自由和安宁。如果你的思维是积极、健康的，有建设性的和富有爱心的，就可以战胜困难，去感受你所期待的成功。

想象力是你最富有潜力的本能，想象是美好的、可爱的、受尊重的，因为你就是你所想象的。因此，我们要学会控制自己的潜意识。如果我们可以把目标坚持灌输到我们的潜意识中去，就会代替原有的旧观念，改变固有的、单一的思维模式，并自动地来决定我们的行动，最大限度地发挥潜意识思维的积极作用。

七、善于进行非常思维

对那些初入职场的人来说，可能都有这样的烦恼。每天的生活就是忙碌地工作，平时看着很忙碌，甚至常常加班，可是还会受到老板的训斥。可能你不禁会想：难道是我工作不够认真、不够努力吗？

如果你仔细观察就会发现你的上司貌似平日的工作很轻松，然而并不是如此，而是他们善于利用全局观念来处理事情。什么是全局概念呢？

简单来说，比如，在你的桌子上放着手机、包和各种办公用品，那些有全局观念的人就会先拿包，然后把手机和各种办公用品装入包中带走。而没有全局观念的人，就会东拿一个，西拿一个，弄得自己手忙脚乱。

所以，在职场中想要让自己轻松有序地工作，首先就要分清什么是重点。只要完成了重点工作，也就完成了工作任务的百分之八十。

因此，高层人士比我们强的并不是工作的轻松，而是工作的有序。

从下面这个事例你应该可以有所体会：

张天和艾虎在同一家公司上班，拿着同样的薪水。工作一段时间后，张天青云直上，而艾虎却在原地踏步。艾虎非常想不通，老板为什么会厚此薄彼？

老板于是对艾虎说："你现在到集市上去一下，看看今天早上有卖土豆的吗？"一会儿，艾虎回来汇报："只有一个农民拉了一车土豆在卖。"

"有多少？"老板继续问道。

由于艾虎没有问过，于是赶紧又跑到集上，回来告诉老板："一共 40 袋土豆。"

"一斤多少钱呢？"

"可是您没有让我问价格啊！"艾虎委屈地申明。

老板又把张天叫来："张天，你现在到集市上去一下，看看今天早上有卖土豆的吗？"

很快张天就从集市上回来了，他一口气向老板汇报说："今天集市上只有一个农民卖土豆，一共 40 袋，价格是两毛五分钱一斤。我看了一下，这些土豆的质量不错，价格也便宜，于是顺便带回来一个让您看看。"

张天边说边从提包里拿出土豆，"我想这么便宜的土豆一定可以挣钱，根据我们以往的销量，40 袋土豆在一个星期左右就可以全部卖掉。而且，咱们全部买下还可以再适当优惠。所以，我把那个农民也带来了，他现在正在外面等您回话呢……"

同样的问题，艾虎却要跑三次才能把问题弄清楚，而张天把所有要考虑的问题都想到了，并且想到了老板没有想到的事情。如果你是老板你会喜欢用那个员工呢？结果应该都会选择张天。

企业需要的人才不只是一个有专业知识、埋头苦干的人，而更需要的是积极主动、充满热情、灵活自信的人。在职场中，没有人比你更在乎你自己的事业，没有什么东西像积极主动的态度一样更能体现你自己的独立人格。现在企业的发展最终靠的是全体人员的主动性、积极性和创造性。

思想决定态度，当你面临一个机遇时，是主动出击、奋力一搏，还是畏首畏尾，放任机会从你眼前溜走呢？当机遇出现时，每一个具备责任心和主动性的人都会非常自信地面对它，迎接挑战，主动出击。

世界上成功的人都是与众不同的，可能是有独特的思维方式，可能是有坚强的毅力，也可能极具有规划性，等等。不管怎么说那些成功的人绝对有一个共同的特点，那就是有自己独特的思维方式。那么应该如何培养独特的思维方式呢?

（1）做一个明智的人

愿意去接触不同的想法和不同的人，将时间花在那些能给自己带来挑战的人身上。

（2）深入挖掘自己的思想

你的思想不能一成不变，需要适时发展，不要停留在你最初的想法层面上。

你可能有过这样的经历：你在凌晨两点产生了一个你认为非常棒的想法，但是早晨起来后却发现这个想法那么愚蠢。想法需要内容对其进行塑造，也需要经得起他人的质疑和时间的考验。

（3）选择和明智的人合作

和明智的人一起思考讨论能使自己受益匪浅，很多时候他能为你找到成功的捷径，这就是为什么头脑风暴会如此有效的原因。

（4）拒绝人云亦云的思维方式

很多人都会跟着别人的思维走，要想走出这个怪圈，凡事就要有自己独到的见解，有足够的承受力，不要因为随波逐流给自己带来很大的思想压力。总有那么一群人在按照自己的思维行事，而往往取得成功的也正是那群人。

（5）凡事提前规划，也要为自己留一点缓冲调整空间

任何事情都要有战略性的眼光，学会提前规划。假如你对自己的定位很模糊，那么你很有可能会一事无成。具体作法如下：

分解问题的各个部分；

思考为什么这个问题需要解决；

弄明白主要问题；

对自己的资源进行重新评估；

合理分配人力物力。

八、快乐 OR 痛苦，取决于信念的转变

有一次，我们一群朋友听说千年难得一遇的日全食即将到来。于是一行人到了一座观赏台。但是偏偏天公不作美，天上聚拢了浓厚的黑云，并且云层越来越厚，随后完全吞没了整个天空。

那个时候已经接近日全食出现的时刻，可是天空却越来越黑暗，我身边的一个人开始抱怨："我花了那么多钱，疯狂地赶到这里，居然什么也看不到。"距离我们不远处的一位女士也说："无法亲眼看到这场奇观，真是太遗憾了。"但是她活泼的女儿说："妈妈，你看，日食还在继续呢！"

我右手边的一位女士却兴奋地说："这真是不可思议，我居然看到了这样的景象。"一瞬间，场面陷入了混乱。甚至有的人气愤地摔了自己的相机。

随后，奇迹出现了，天空恢复了晴朗，距离日食只剩下 2 分钟。月亮背后的最后一缕阳光终于消逝，刹那间我们都被黑暗吞噬。这不像是平常的夜幕降临时天空慢慢陷入黑暗，而是一瞬间完全暗了下去。这时

人群开始停止骚动，一动不动地盯着天空，很多人做出怪异的举动，有的人拿着相机开始疯狂拍照。

过了几分钟，阳光慢慢返回，日食还没有完全结束，许多人就开始陆续离开。这让我有点费解，毕竟刚才很多人抱怨老天的不公，千里迢迢赶来，为什么却要错过这一生难求的机会离开呢？

在等待观赏日食时，有的人认为无法看到日食而气得当场摔了自己的相机；也有人十分珍惜那一刻，把它当成人生中的宝贵经验，并在以后的岁月里不时回忆咀嚼。可见一个人的信念对人的影响是十分大的。

其实人们的快乐并不需要借助于任何东西，不需要因为看到日食而快乐，也不需要为看不到日食而沮丧。比如，你发了一笔奖金，很快乐，但是你的快乐并不是那笔奖金带来的。而是你的信念告诉你“因为我拥有了这笔奖金，我才允许自己快乐”。

但是，我们不应该把快乐建筑在自己无法掌握的事情上，因为这样痛苦就会无法避免。如果不想整天生活在终日的痛苦和恐惧中，你就需要重新调整自己的信念，好好控制自己的心态、身体和情绪。

每个人的信念不同，感受、行为和反应也会大相径庭，至于最后我们会采取什么样的行动、成为什么样的人，取决于我们采取什么样的信念。所以，要想拥有一个不失控的人生，就必须改变建立在心理上不快乐信念的习惯。